Eva Leiritz

Risikoanalyse an bedeutenden Kulturen in Europa unter besonderer Berücksichtigung des Erregers der Schwarzfäule an Reben *Guignardia bidwellii*

disserta Verlag

Leiritz, Eva: Risikoanalyse an bedeutenden Kulturen in Europa unter besonderer
Berücksichtigung des Erregers der Schwarzfäule an Reben *Guignardia bidwellii*,
Hamburg, disserta Verlag, 2011

ISBN: 978-3-942109-80-2
Druck: disserta Verlag, ein Imprint der Diplomica® Verlag GmbH, Hamburg, 2011

Bibliografische Information der Deutschen Nationalbibliothek
Die Deutsche Nationalbibliothek verzeichnet diese Publikation in der Deutschen
Nationalbibliografie; detaillierte bibliografische Daten sind im Internet über
http://dnb.d-nb.de abrufbar.

Die digitale Ausgabe (eBook-Ausgabe) dieses Titels trägt die ISBN 978-3-942109-81-9
und kann über den Handel oder den Verlag bezogen werden.

Dieses Werk ist urheberrechtlich geschützt. Die dadurch begründeten Rechte,
insbesondere die der Übersetzung, des Nachdrucks, des Vortrags, der Entnahme von
Abbildungen und Tabellen, der Funksendung, der Mikroverfilmung oder der
Vervielfältigung auf anderen Wegen und der Speicherung in Datenverarbeitungsanlagen,
bleiben, auch bei nur auszugsweiser Verwertung, vorbehalten. Eine Vervielfältigung
dieses Werkes oder von Teilen dieses Werkes ist auch im Einzelfall nur in den Grenzen
der gesetzlichen Bestimmungen des Urheberrechtsgesetzes der Bundesrepublik
Deutschland in der jeweils geltenden Fassung zulässig. Sie ist grundsätzlich
vergütungspflichtig. Zuwiderhandlungen unterliegen den Strafbestimmungen des
Urheberrechtes.

Die Wiedergabe von Gebrauchsnamen, Handelsnamen, Warenbezeichnungen usw. in
diesem Werk berechtigt auch ohne besondere Kennzeichnung nicht zu der Annahme,
dass solche Namen im Sinne der Warenzeichen- und Markenschutz-Gesetzgebung als frei
zu betrachten wären und daher von jedermann benutzt werden dürften.

Die Informationen in diesem Werk wurden mit Sorgfalt erarbeitet. Dennoch können
Fehler nicht vollständig ausgeschlossen werden und der Verlag, die Autoren oder
Übersetzer übernehmen keine juristische Verantwortung oder irgendeine Haftung für evtl.
verbliebene fehlerhafte Angaben und deren Folgen.

© disserta Verlag, ein Imprint der Diplomica Verlag GmbH
http://www.disserta-verlag.de, Hamburg 2011
Hergestellt in Deutschland

Institut für Nutzpflanzenwissenschaften und Ressourcenschutz

der

Rheinischen Friedrich-Wilhelms-Universität Bonn

Risikoanalyse an bedeutenden Kulturen in Europa unter besonderer Berücksichtigung des Erregers der Schwarzfäule an Reben *Guignardia bidwellii*

Inaugural – Dissertation

zur

Erlangung des Grades

Doktor der Agrarwissenschaften

(Dr. agr.)

der

Hohen Landwirtschaftlichen Fakultät

der

der Rheinischen Friedrich-Wilhelms-Universität

zu Bonn

vorgelegt am

23. Dezember 2009

von

Dipl-Ing. agr. Eva Leiritz

aus Monheim am Rhein

Referent: Professor Dr. H. – W. Dehne
Koreferent: Professor Dr. H. Goldbach
Tag der mündlichen Prüfung: 11. März 2011

Meinen Eltern
und
Geschwistern

*„Nichts kann den Menschen
mehr stärken
als das Vertrauen,
das man ihm entgegenbringt"*
(Adolf von Harnack)

Eva Leiritz
Risikoanalyse für bedeutende Kulturen in Europa unter besonderer Berücksichtigung des Erregers der Schwarzfäule *Guignardia bidwellii*

In Europa werden über 90 verschiedene Kulturen angebaut. Steigende Temperaturen und die zunehmende Globalisierung sorgen dafür, dass diese Kulturen immer stärker durch Krankheiten gefährdet werden. Es kommen auf den unterschiedlichsten Wegen neue Schaderreger nach Europa. Ein Teil dieser Erreger stirbt beim Transport, ein anderer Teil findet keine günstigen Bedingungen vor, aber es gibt wenige Erreger, die überleben. Bei diesen Pathogenen stimmen die Umweltbedingungen aus Temperatur und Luftfeuchtigkeit, dadurch können sie sich unbemerkt etablieren und ausbreiten. Man bemerkt diese neuen Organismen oft erst, wenn sie großen Schaden anrichten. Daher ist es wichtig, das Risikopotential dieser Erreger abschätzen zu können. In der vorliegenden Arbeit wurden mit Hilfe der Computerprogramme ArgGIS ® 9.1 und CLIMEX ® 2.0 neue potentielle Etablierungsgebiete sichtbar gemacht, um ein Risikogebiet näher bestimmen zu können. Es sollen die Grundlagen für pilzliche Erreger bestimmt werden, die nötig sind, um Aussagen über die Risikogebiete der Gegenwart und der Zukunft zu machen. Als pilzliches Beispiel wurde *Guignardia bidwellii*, der Erreger der Schwarzfäule an Reben gewählt. Dieser Pilz verursacht zunehmend Probleme im Weinbau, vor allem in Deutschland sorgte er überraschenderweise ab 2004 für starke Ausfälle in den Tälern der Weinbaugebiete, wie Mosel- und Rheintal. Dieser Pilz befällt alle oberirdischen Teile einer Rebe und für Totalausfälle. Das markanteste Symptom sind die Fruchtmumien, die vertrocknet in den Rebenanlagen hängen und im nächsten Jahr zu neuen Infektionen führen. An Hand dieses Pilzes sollen Ausbreitungsgebiete für die jetzigen Klimabedingungen und die zukünftigen klimatischen Veränderungen dargestellt werden. Die Auswirkungen verschiedener Temperaturen auf die Entwicklung des Pilzes und die Symptomausprägung wurde mit 5 verschiedenen Isolaten durchgeführt. Ferner wurden Pflanzenversuche in Klimakammern durchgeführt. Bei den verschiedenen Isolaten wurden Medientests, Keimtests auf einer Modelloberfläche und Temperaturtests durchgeführt. Für die Symptomausprägung wurden die Sorten 'Müller-Thurgau' und 'Chardonnay' verwendet. Sowohl bei den Pflanzen unabhängigen Methoden, als auch bei den an Reben durch geführten Versuchen konnte ein Einfluss der Temperatur auf die Keimrate, Keimschlauchlänge und Appressorienbildung gefunden werden. Tiefe Temperaturen (4 und 8 °C) verlangsamten die Auskeimung erheblich. Erst mit steigenden Temperaturen wurde eine steigende Keimungstätigkeit gemessen. Das Optimum lag bei 30 °C und nahm dann kontinuierlich bis 40 °C ab. Zwischen den Rebsorten konnten Unterschiede sowohl in der Keimung, als auch in der Symptomausprägung gefunden werden. Die Sorte 'Chardonnay' reagierte viel stärker auf einen Befall mit *Guignardia bidwellii*, als die Vergleichssorte. Auch beim Temperaturspektrum ließen sich Unterschiede bonitieren. Die Sorte 'Müller-Thurgau' reagierte mit höheren Befallsintensitäten bei Temperaturen von 15 – 20 °C, im Vergleich dazu zeigte die Sorte 'Chardonnay' bei Temperaturen 25 – 30 °C stärkeren Befall. Gibt man die biologischen Daten zum Pilz in das Programm CLIMEX ® ein, so ergeben sich auf Grund der minimalen, optimalen und maximalen Temperatur die Wachstumsgeschwindigkeit und zusammen mit den Stress auslösenden Faktoren dann die Verteilungsmöglichkeit des Pilzes in Europa. Ein klarer Trend ist seit den 90er Jahren des letzten Jahrhunderts zu erkennen. Das Risiko durch den Pilz nimmt zu und bis zum Jahr 2100 wird der Pilz immer weiter Richtung Nord-Osten wandern. Ob mit ihm auch die Anbaugebiete der Reben nordostwärts wandern, bleibt offen. Rund um das Mittelmeer wird auf Grund der ungünstiger werdenden klimatischen Bedingungen das Etablierungsrisiko sinken. Im letzten Schritt wurden mit Hilfe der Karten aus ArgGIS® die gefährdeten Gebiete sichtbar gemacht.

Eva Leiritz
Risk analysis for major crops in Europe, with particular attention to the cause of black rot *Guignardia bidwellii*

Presently, more than 90 different crops are grown in Europe. Rising temperatures and globalisation effect an increasing vulnerability of these crops to diseases. There are various ways for new pests and diseases to invade Europe. Some of these harmful organisms perish during transport, while others will find no favorable conditions for development and dispersal, but a few pathogens are likely to survive in the new environment. In this case, the environmental conditions, chiefly temperature and humidity, are suitable for the establishment of the new species and they may even spread undetected. They will only be noticed when they cause remarkable damages. Therefore, it is important that potential risks can be estimated for such invasive pathogens. In this work the programs ArgGIS ® Climex ® 9.1were used to show the potential establishment of new pathogens in order to determine potential risk territories more precisely. The aim of this study was to find basic parameters which are necessary to make statements about present and future hazards caused by fungal pathogens. *Guignardia bidwellii*, the cause of black rot on vine, was chosen as a fungal model organism. This fungus causes increasing problems in vineyards, especially in Germany. In 2004 the disease was the causal agent of heavy losses in the vineyards valleys for the first time e.g. in the Mosel region and in the Rhine valley. This fungus infects all aboveground parts of a vine and can give rise to total crop failures in the vineyard. Fruit mummies hanging in the vines are the most prominent symptom. They constitute the inoculum for the following year. On the basis of the findings about this fungus, dispersal areas for the current climate conditions and potential future climatic changes should be presented. The effects of different temperatures on the development of the fungus and on the symptom development were investigated with 5 different isolates. Furthermore, in planta assays were conducted under controlled environmental conditions in climate chambers. Media tests, germination tests on a model surface and temperature tests were carried out with each fungal isolate. For the assessment of symptom severity the vine varieties 'Müller-Thurgau' and 'Chardonnay' were used. An influence of temperature on the germination rate, growing rate and the formation of appressoria could be found in vitro tests as well as in the experiments that were performed using live plants. Low temperatures (4° C to 8° C) slowed down germination significantly. Only with rising temperatures, stronger germination activity was measured. The optimum was 30 ° C, and fungus growth decreased continuously till 40° C. Between the different varieties differences could be found with respect to both, germination of the fungus and symptom severity. The cultivar 'Chardonnay' reacted much more strongly to an infection by *Guignardia bidwellii* than the reference variety, i.e. 'Müller Thurgau'. The varieties also displayed different reactions to the pathogen with respect to the tested temperature range. The variety 'Müller-Thurgau' responded with stronger symptoms at temperatures from 15° C to 20° C, in comparison to the variety 'Chardonnay' which showed the severest infestation at temperatures of 25° C to 30° C. The biological data on the fungus were fed into the program Climex ®. Based on the results of minimal, optimal and maximum temperature experiments, the growth rate can be calculated. With relevant stressors integrated into the model, the program calculated the possible distribution of the fungus in Europe. There seems to be a clear trend since the 90s of last century. The risk of the dispersal of the fungus is growing and until 2100; the fungus will continuously move north-east. Whether the vine production areas will also extend to the north-east remains unsure. There was a marked trend around the Mediterranean Sea where the probability of an establishment of *Guignardia bidwellii* may decline due to unfavorable climatic conditions. The final step was using the maps from ArgGIS ® to show the zones which are prone to be invaded by the fungus.

Gliederung

1 Einleitung _____ **1**

2 Literaturübersicht _____ **3**

3 Material und Methoden _____ **17**

   3.1 Pflanzen _____ 17
      3.1.1 Anzucht und Vermehrung _____ 17
      3.1.2 Anlage der Versuche _____ 17

   3.2 Pathogen _____ 17
      3.2.1 Herkunft _____ 18
      3.2.2 Pathogenerhaltung _____ 18
      3.2.3 Gewinnung der Sporen _____ 19
      3.2.4 Inokulation_____ 19
      3.2.5 Erfassung des Befalls_____ 20

   3.3 Fungizide _____ 23
      3.3.1 Wirkstoffe _____ 23
      3.3.2 Anwendung / Applikation _____ 24

   3.4 Erfassung des pilzlichen Wachstum *in vitro* _____ 25
      3.4.1 Herstellen der Medien _____ 25
      3.4.2 Myzelwachstumstest _____ 25

   3.5 Mikroskopische Untersuchungen _____ 26
      3.5.1 Mikroskopie_____ 26
      3.5.2 Fixierung biologischen Materials _____ 26
         3.5.2.1 Totalpräparation_____ 26
      3.5.3 Keimung auf hydrophoben Oberflächen _____ 27
      3.5.4 Färbetechniken _____ 27
         3.5.4.1 Übersichtsfärbung zum Nachweis von Pilzstrukturen _____ 27
         3.5.4.2 Nachweis von Lipiden_____ 28
         3.5.4.3 Nachweis von Glykogen _____ 28

   3.6 Elektronenmikroskopische Untersuchungen _____ 28
      3.6.1 Anfertigung von Semidünnschnitten _____ 28

   3.7 Rasterelektronenmikroskopie _____ 29

   3.8 Molekularbiologische Untersuchungen _____ 30
      3.8.1 Präparation genomischer DNA aus 5 Isolaten _____ 30
      3.8.2 Multiplikation des genetischen Materials _____ 31
      3.8.3 Sequenzierung der ITS-Region _____ 33
      3.8.4 Auswertung _____ 34

   3.9 Erstellung von Risikokarten _____ 34
      3.9.1 CLIMEX_____ 34
      3.9.2 ArcGIS _____ 35

   3.10 Statistische Auswertungen _____ 35

4 Ergebnisse _____ **36**

   4.1 genetische Charakterisierung der Isolate mittels ITS-Sequenzierung_____ 36

   4.2 Symptomentwicklung von Isolat 5 auf Reben _____ 39

   4.3 Entwicklung von 5 verschiedenen Isolaten von *Guignardia bidwellii* auf künstlichen Medien 42
      4.3.1 Radialer Myzelwachstumstest auf verschiedenen Medien _____ 42
         4.3.1.1 Eindringung des Pilzes in unterschiedliche Medien _____ 46
      4.3.2 Einfluss unterschiedlicher pH-Werte eines Mediums auf das Myzelwachstum _____ 49

4.3.3	Temperatur	51
4.3.4	Licht	52

4.4 Einfluss abiotischer Faktoren, Licht und Temperatur, auf die Entwicklung von *Guignardia bidwellii* an Reben ... 54

4.4.1	Keimung	55
4.4.2	Keimschlauchwachstum	56
4.4.3	Appressorienbildung	56
4.4.4	Temperatur	57
4.4.4.1	Keimschlauchwachstum der Konidien	58

4.5 Einfluss der Sorten auf die Entwicklung der Sympomausprägung ... 59

4.5.1	Einfluss der Temperatur auf die Symptomausprägung auf Reben	66
4.5.2	Inokulation von Reben mit unterschiedlichen Isolaten von *Guignardia bidwellii*	71

4.6 Histologie ... 71

4.6.1	Pre-infektionelle Stadien von *Guignardia bidwellii*	72
4.6.2	Entwicklung und Eindringen von Konidien auf verschiedenen Oberflächen	74
4.6.2.1	Verteilung der Lipide und Glykogene in Konidien innerhalb der ersten 48 Stunden auf einer Modelloberfläche	74
4.6.3	Post-infektionelle Stadien von *G. bidwellii*	78
4.6.4	Pyknidien	81

4.7 Vergleichende Untersuchungen zur Wirksamkeit ausgewählter Fungizide auf die Ausprägung von Schadsymptomen durch *Guignardia bidwellii* an Reben ... 84

4.7.1	Schadsymptome nach nicht systemischer Applikation	85
4.7.2	Schadsymptome nach zeitgleicher Anwendung und Inokulation	86
4.7.3	Schadsymptome nach systemischer Applikation	86
4.7.4	Einfluss der Fungizide auf den Blattbefall	87

4.8 Einfluss der Temperatur auf die Verteilung von *Guignardia bidwellii* mit dem Programm CLIMEX® und Darstellung der Risikogebiete mit Hilfe von ArcGIS® in Europa ... 90

4.8.1	Darstellung der heutigen Klimabedingungen für den Erreger der Schwarzfäule	90
4.8.2	Einfluss des Klimawandels auf die Ausbreitung und Etablierung	93
4.8.3	Darstellung der Risikogebiete	98

5 Diskussion ... 100

6 Fazit ... 119

7 Zusammenfassung ... 121

8 Literatur ... 124

1 Einleitung

Der Klimawandel und seine Auswirkungen auf die landwirtschaftliche Biodiversität sind ein Problem, was in letzter Zeit immer mehr an Bedeutung gewinnt. Die Vielfalt an Nutzpflanzen nimmt aufgrund unterschiedlicher Ursachen ab, im Gegenzug tauchen neue Pathogene auf. Einige mögliche Ursachen für diese Veränderungen sind: Temperaturanstieg, eine Veränderung der Niederschlagsverteilung, eine Zunahme extremer Wetterereignisse und der Anstieg von Treibhausgasen in der Atmosphäre. Der Temperaturanstieg ist das offenkundigste Phänomen des Klimawandels. In den vergangenen 150 Jahren ist die Jahrestemperatur um 0,6 °C gestiegen. Als Folge davon drohen Ertragsausfälle in der Landwirtschaft, sowie drastische Veränderungen für die Anbausysteme weltweit, deren indirekte Folgen werden häufigeres Erkranken von Pflanzen sein. Neue Krankheiten hinzukommen oder sich gegen andere Krankheiten durchsetzen, weil sie aus dem Klimawandel einen Konkurrenzvorteil ziehen können. So entstehen neue Möglichkeiten der Etablierung von Krankheiten durch ein verändertes Temperaturspektrum.

Eine Krankheit, die im deutschen Weinbau für Aufsehen sorgte, war die Schwarzfäule an Reben. Seit deren unerwarteten Auftreten im Jahr 2004 konnte man eine Zunahme dieser Erkrankung, durch den Erreger *Guignardia bidwellii*, beobachten. Diese Krankheit, die eigentlich nur aus den wärmeren Gebieten Europas bekannt war, sorgte kaum für Schäden in Deutschland, bis sie 2004/ 2005 in den Tälern der Mosel und des Rheins zu Totalausfällen führte. Zuvor gab es kaum Bericht über eine Etablierung von *Guignardia bidwellii* in deutschen Weinanbaugebieten, da er nie für große Schäden gesorgt hatte. Über die Ursachen dieses unerwartet heftigen Auftretens des Pathogens ist man sich nicht einig.

Eine Ursache kann im veränderten Temperaturspektrum liegen. Bis jetzt existieren kaum Untersuchungen zum Klimawandel und dem Auftreten von neuen Krankheiten. In der nachfolgenden Literaturübersicht sind wenige Daten zu der Symptomentwicklung auf dem Blatt in Abhängigkeit der Temperatur zu finden, daher soll sich die Arbeit mit dem Infektionsverhalten von *G. bidwellii* unter dem Einfluss verschiedener Temperaturszenarien beschäftigen. Eine Etablierungswahrscheinlichkeit sollte mit dem Computerprogramm CLIMEX v. 2.0 für Europa bildlich dargestellt werden. Dafür mussten weitere Daten zum Erreger der Schwarzfäule gesammelt werden, da es wichtig zu wissen ist, wann welche Entwicklungsstufe eintritt. Ferner brauchte man Informationen über den Einfluss der Temperatur auf die Ausbildung von Eindringungsorganen und die Symptomentwicklung. Mit

Hilfe der Programme CLIMEX 2.0® und ArgGIS 9.1® sollten dann verschiedene Risikoszenarien dargestellt werden. Es sollte das Etablierungsrisiko eines Erregers verbildlicht werden, den es schon länger in Europa gab, der aber bis Anfang dieses Jahrtausends keine Schäden verursacht hatte. Daher soll in einem letzten Schritt der Einfluss des Klimawandels auf die Ausbreitung von pilzlichen Krankheiten bzw. die Ausbreitung am Beispiel von *G. bidwellii* bildlich dargestellt werden.

Es soll das Risikopotenzial von *G. bidwellii* hinsichtlich seines möglichen Auftretens im Weinbau bedingt durch den Klimawandel untersucht werden, denn es scheint, dass sich mit ändernden Temperaturen auch das Risiko einer Infektion schon in frühen Blattstadien erhöht. Es muss untersucht werden, inwieweit die Blätter in frühen Stadien der Entwicklung als Inokulumsquelle für eine Infektion dienen können. Ferner soll der Einfluss der Sorten auf die Symptomausprägung untersucht werden, um das Risiko einer Infektion an den Gescheinen einschätzen zu können, im Besonderen vor dem Hintergrund des Klimawandels der auch einen Einfluss auf den europäischen Weinbau haben wird. Es besteht die Möglichkeit, dass der Anbau von Wein zukünftig weiter nördlich als bisher stattfinden könnte. Damit könnte auch die Krankheit Richtung Norden wandern, wenn die Umweltbedingungen stimmen. Dies hätte zur Folge, dass auch die Bekämpfungsstrategien flexibler werden müssen.

Eine Weitere Erschwernis kommt bei der Bekämpfung Pflanzenkrankheiten im Weinbau hinzu, denn durch die Verschärfung des Pflanzenschutzmittelgesetzes werden immer mehr Pflanzenschutzmittel verboten werden dass die Pflanzenschutzmittel immer weiter dezimieren werden. Die Gründe dafür sind vielfältig. Zum einen verlieren sie ihre Wirkung durch auftretende Resistenzen und zum anderen wird die Pflanzenschutzverordnung immer weiter verschärft, zum Schutze des Verbrauchers. Dieses wird den zukünftigen Weinbau stark beeinflussen. Vor allem in den Steillagen des Mosel und Rheintals, wenn die Überfliegungen verboten werden sollten. Eine Bekämpfung von Krankheiten wird in den Steillagen ziemlich erschwert durch solche Maßnahmen. Daher bleiben die Fragen: Wie sehen frühe Stadien aus? Welche Gefahren gehen von den unterschiedlichen Sorten aus? Mit welchen Maßnahmen und zu welchem Zeitpunkt sollte man den Pilz bekämpfen? Welche Daten sind nötig um ein Risikopotential einer neuen pilzlichen Krankheit einschätzen zu können? Wo wird der Pilz zukünftig sich etablieren können und bekämpft werden müssen?

2 Literaturübersicht

In Europa werden in der Lebensmittel- und Getränkeindustrie Güter in einem Warenwert von 600 Milliarden Euro hergestellt, das entspricht 15 % der gesamten Produktion (Brouwer & Bijman, 2001). Neben den USA ist Europa einer wichtiger Erzeuger von Nahrungsmitteln. Von den weltweit produzierten Gütern werden ca. 10 % des Getreides, 10 % der Zitrusfrüchte, 16 % der Kartoffeln und 60 % des Weins in Europa hergestellt (FAO 2004). Auf einem Viertel des europäischen Festlandes wird Ackerbau betrieben und auf über 92 Millionen Hektar werden in Europa mindestens 96 verschiedene Kulturen angebaut (FAO 1999 – 2006). Dabei erstreckt sich die Anbaubreite von Zuckerrüben bis Kräutern, wie Basilikum. Unter den bedeutendsten Produkten sind Zuckerrüben, Weizen, Weintrauben und Oliven. Je nach Land setzt sich das Anbauspektrum anders zusammen. In den mediterranen Gebieten Südeuropas wie Spanien, Italien und Portugal werden vor allem Gemüse- und Obstkulturen angebaut. Dagegen befinden sich in den gemäßigten Klimazonen von Mittel- und Nordeuropa mehr Getreidekulturen und Zuckerrüben im Anbau. Durchschnittlich werden in Europa 130 Millionen Tonnen Zuckerrüben geerntet, gefolgt von Weizen mit 120 Millionen Tonnen, danach folgen weitere Getreidesorten, sowie Kartoffeln, Obst und Gemüse.

Ein Problem beim Anbau von Nahrungsmitteln ist, dass die Kulturen durch abiotische und biotische Faktoren vernichtet werden Diese Ertragsausfälle kommen durch Schädlinge, Pilze, Unkraut, Bakterien, Viren und vor allem durch abiotische Einflüsse zustande. Die Verluste sollen unter Einsatz von technischen und chemischen Mitteln so gering wie möglich gehalten werden (Moriondo et al., 2005 und Oerke et al., 1994).

Zunehmend kommen neue Risiken durch den globalen Handel hinzu. Menschen und vor allem Güter werden weltweit transportiert und mit ihnen exotische Krankheiten und Pflanzen, welche durch ihre Einschleppung unabschätzbare Folgen für die Umwelt haben können (Anagnostaki & Anreadis, 2002). Biologische Invasion, die Einschleppung von biologischem Material, ist eine der tiefgreifendsten globalen Veränderungen von natürlichen Ökosystemen weltweit (Noble et al., 2009), welche die Agrarwirtschaft, den Forst, die Fischerei, die menschliche Gesundheit und die natürlichen Ökosysteme bedrohen und gefährden (Ward, 2007; Arim et al., 2006; Floerl & Inglis, 2005; Brasier und Buck 2001; Mack et al., 2000).

Alle Pflanzen sind von Pilzen, Viren, Bakterien und Insekten durch den internationalen Handel mit Pflanzenmaterialien potenziell gefährdet. Beispielhaft für neue Erreger an Kartoffeln sind *Phytophthora infestans* mating type A2 und (Cms) *Clavibacter michigensis* sub. *sepedonicus*, oder an Erbsen *Pseudomonas syringae* pv. *pisi* und (PepMV) Pepino mosaic virus (Noble et al., 2009) oder *Guignardia citricapa* an Zitrusfrüchten (EPPO datasheet, 2004). 56 % aller Krankheiten sind von außerhalb nach Europa über Pflanzenmaterialen unbeabsichtigt eingeführt worden (Anderson et al, 2004). Unabhängig von den Bemühungen zur Eindämmung von Pathogenen auf nationaler und internationaler Ebene haben viele Pflanzenkrankheiten den Weg in einzelne europäische Länder und weltweit gefunden. Dabei sind die Meldungen über ökonomische Schäden regionsspezifisch. Die meisten neuen Pathogene konnte man an Kulturpflanzen zählen, vor allem bei den Getreidefrüchten, dicht gefolgt von Waldpathogenen. Ferner wurde auch bei den Zierpflanzen eine Zunahme an Krankheiten beobachtet. Im letzten Jahrhundert nahm deren Zahl stetig zu, dies hängt damit zusammen, dass der weltweite Handel mit Pflanzenmaterial stetig ansteigt und dass die Diagnose von Krankheiten immer besser wurde. 2006 wurden in Europa 146 neue Krankheiten gemeldet. Laut den Untersuchungen von Waage et al. (2009) ist notwendig, die Grundlagen für eine Risikoanalyse zu schaffen.

Die Artenwanderung ist prinzipiell eine Komponente des globalen Wandels, aber es werden durch den globalen Handel mehr Wege geschaffen, da auf diesem Weg Spezies über ihre natürlichen Barrieren hinaus transportiert werden können (Keller et al., 2008; Floerl & Inglis, 2005). Dies kann zu massiven Problemen führen, da die Einschleppung invasiver Arten mit großen wirtschaftlichen Verlusten verbunden sein kann (Arim et al., 2006; Andow et al., 1990). Invasive Arten sind Pathogene und Insekten, die auf natürlichen Wegen oder durch menschlichen Transport ein neues Gebiet erobern, in dem sie vorher noch nicht sesshaft waren. Normalerweise wird die Migration durch natürliche Grenzen, wie Flüsse und Meere gestoppt (Hansen et al., 2006). Um eine Einschleppung zu verhindern sollte man wissen wie eine Invasion von statten geht. Eine Invasion lässt sich in vier Stufen unterteilen:
1. die Spezies muss unentdeckt auf ein Transportmittel gelangen, z. B. Flugzeuge, Schiffe oder Brief- und Paketpost.
2. der Transport der Spezies außerhalb ihres natürlichen Vorkommens.
3. Etablieren an einer geeigneten Wirtspflanze
4. muss sich die Spezies von dort aus verbreiten (Floerl & Inglis, 2005).

Viele pflanzliche Pathogene, die über biologisches Material verbreitet werden, können sich nicht ausbreiten und für Schäden sorgen. Aber die, die sich etablieren können, können sich zunächst unbemerkt ausbreiten und dann für Epidemien sorgen (Keller at al., 2008; Smart & Fry, 2001). Die Folgen des menschliche Transport bei „exotischen" Pflanzenpathogenen, welche auf Kulturpflanzen übertragen werden können, wird häufig unterschätzt und damit außer Acht gelassen mit fatalen Folgen für die Umwelt (Smart & Fry, 2001).

Ein besonders verheerendes Beispiel ist der Erreger *Phytophthora infestans* an Kartoffeln. Dieser Oomycet hat in den Jahren 1845 und 1846 zu zwei schweren aufeinander folgenden Epidemien in Irland gesorgt. Es kam zu einem Totalausfall der Kartoffelernte. Eine Millionen Iren verhungerten und eine noch größere Zahl an Iren wanderte aus. Im 19. Jahrhundert breitete sich dieses Pathogen weltweit aus und richtete wirtschaftlich bedeutende Schäden an (Agrios, 2005, Henningsen, 2003 und Smart & Fry, 2001; Platt 1992). Im 20. Jahrhundert fand durch den mating type (A 2) von *P. infestans* eine zweite Welle der Migration statt. Diese wird nach Schätzungen allein in Nordamerika und Kanada Verluste von zusätzlich 10 % verursachen, dieses entsprechen $ 200/ ha (Smart & Fry, 2001). Ein weiteres Beispiel für einen durch menschliches Zutun eingeschleppten Erregers ist der Verursacher des Ulmensterbens, der sowohl in der Vergangenheit als auch gegenwärtig für Epidemien sorgt (Braiser & Buck, 2001).

Problematisch bei diesen Krankheiten ist, dass sie an den neuen Standorten Wirte finden, an denen sie sich etablieren können. Typisch für invasive Arten ist, dass sie lange unentdeckt bleiben. Erst geraume Zeit nach der Einschleppung kommt es zu einem Ausbruch der Krankheit. Mit ihm gehen oft erhebliche wirtschaftliche und sozioökonomische Schäden einher. Das Ulmensterben war in Europa und Nordamerika bis zum Ende des 19. Jahrhundert unbekannt, danach setzten zwei Epidemiewellen ein, die die Bäume zum Absterben brachten (Brasier & Buck, 2001).

Für die Bekämpfung von invasiven Arten ist es wichtig, ihre Einschleppung, Verbreitung und Etablierung festzustellen und zu dokumentieren. Es müssen frühzeitig die Gegenden identifiziert werden, in denen eine Einschleppung stattgefunden hat oder noch stattfinden kann (Ward, 2007; Arim et al., 2006; Andow et al., 1990). Für eine rasche Vorhersage der Einschleppungs- und Etablierungsgebiete sind die klimatischen Verhältnisse, unter denen sich neue Spezies etablieren können, eine gute Modellierungsgrundlage (Ward, 2007; Sutherst et al., 2001; Sutherst & Maywald, 1985). Dabei ist zu berücksichtigen, dass weltweit die Ökosysteme durch Temperaturverschiebungen gefährdet sind, weil sich invasive Arten ausbreiten (Garett et al., 2006; Pounds et al., 2006).

Es gab schon immer klimatische Veränderungen in der Geschichte der Erde, die das Erscheinungsbild der Erde immer wieder drastisch änderten Dies kann man aus den Untersuchungen der „Naturdatenbanken" ablesen wie z.b. aus Sedimentschichten in den Meeren und Eiskernbohruntersuchungen. Dabei wird unser Klima von vielen Faktoren bestimmt, manche sind extern verursacht wie z.b. die globale Strahlung, manche werden intern erzeugt, z. B. CO_2 und Methan. Seit dem 19. Jahrhundert konnte weltweit eine verstärkte Zunahme der Temperatur auf der Erde gemessen werden (Moore, 2008; Rosenzweig et al., 2008; Hansen et al., 2006; Jones & Mann, 2004; Scherm, 2004; Roots et al., 2003). Die Veränderungen werden in Temperatur oder in Niederschlägen dargestellt (Jeger und Pautasso, 2007; Seem, 2004). Zuverlässige Messungen gibt es erst seit 1970 (Jones & Mann, 2004). Laut Scherm (2004) waren die 1990iger Jahre das bis dahin wärmste Jahrzehnt. Bei späteren Untersuchungen von Hansen et al., (2006) wurde herausgefunden, dass 2005 bis dahin das wärmste Jahr war.

Eine Hauptursache für die Erwärmung seit Mitte des 20. Jahrhunderts sind die Treibhausgase (Rosenzweig, et al., 2008; Broadmeadow et al., 2005 und Jones und Mann 2004). Moore (2008) machte in seinen Untersuchungen deutlich, dass der Anstieg von CO_2 verstärkend auf den Klimawandel wirkt. Dennoch werden die Zusammenhänge von Ursache (die Erhöhung der Treibhausgase) und Wirkung (steigende Temperatur) erst langsam sichtbar. Das komplexe System aus vielen Einzelfaktoren wird erst nach und nach erforscht, und erst allmählich ergibt sich ein Gesamtbild. Eindeutig messbar sind die Auswirkungen des Klimawandels auf die Temperatur. In den letzten 30 Jahren ist die Temperatur im Mittel um 0,6 °C gestiegen (Hansen et al., 2006).

Die zukünftigen Temperaturprognosen unterscheiden sich je nach Wissenschaftler erheblich. Nach Hansen et al., (2006); Jones und Mann (2004), Scherm (2004) und Coakley et al., (1999) kann es eine Steigerung der Temperatur um 0,3 – 0,8 °C geben. Eine drastischere Prognose zeigt der IPCC Bericht von 1995 für Mittel- und Nordeuropa. Es wird von einer Erhöhung um 2 -3 °C ausgegangen. Die vorhergesagte Temperaturerhöhung bis ins Jahr 2100 schwankt zwischen 2 -3 °C (Moore, 2008), 1,4 – 5,8 °C (Scherm, 2004) und 6 °C (Roots et al., 2003) (Abb. 1). Je nachdem, welche Methode man anwendet, ob Temperaturmessung an Land, eine Satelliten gestützte Messung zum Vergleich der Temperatur von Gewässeroberfläche zur Landoberfläche oder sich auf die Beschreibung der historischen Aufzeichnungen stützt, ergaben sich mehr oder weniger große Schwankungen (Hansen et al., 2006). Fest steht, dass es eine Temperaturerhöhung gibt, die nicht natürlicher Art sein kann und sich zukünftig fortsetzten wird. Dabei wird es die nördliche Halbkugel stärker treffen als die südliche Halbkugel (Hansen et al., 2006; Jones & Mann, 2004).

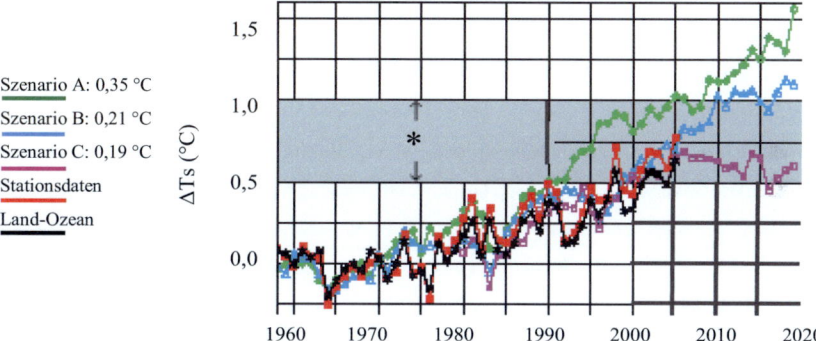

Abbildung 1: Veränderte Graphik nach Hansen et al. 2006 zur jährlichen weltweiten Temperaturveränderung mit verschiedenen zukünftigen Szenarien (* 0,5 – 1 °C Temperaturintervall (Berechnungen für das Holozän ohne den Einfluss der Treibhausgase)).

Den Klimawandel kann man an biologischen Vorgängen in der Natur ablesen. Im vierten IPCC `07 Risikobericht sind mögliche Auswirkungen dargestellt worden. Es ist zu beobachten, dass die Eisflächen zurückgehen, Permafrostböden langsam auftauen, die Eisdecken der Arktis und Antarktis schmelzen, es zur Erwärmung der Weltmeere und Gewässer wie Seen und Flüsse kommt, sich das phänologische Frühjahr nach vorne verschiebt, sich die Wachstumsperiode verlängert, es zur Artenverschiebung kommt, (Adger et al., 2007) und dass sich Wetterextreme und Brände auf der ganzen Welt häufen (Scholz et al., 2006 und Sulinari et al., 2006). Erste Anpassungen auf der nördlichen Halbkugel sind früherer Blütenbeginn, verändertes Zugverhalten der Vögel, und es setzt eine Wanderung der Arten Richtung Norden ein. Dieses hat auch Auswirkungen auf die Agrarwirtschaft, die sich zunehmend mit veränderten Sorten und Kulturen an sich immer schneller verändernde Bedingungen anpassen muss. Es ist ein komplexes System, das vielen Einflüssen ausgesetzt ist. Daher ist es hier besonders schwer, Langzeitaussagen über eine Entwicklung zu treffen.

Die Temperatur auf der nördlichen Halbkugel wird steigen und Niederschläge seltener werden. Die Auswirkungen sind, dass die Böden im Sommer trockener und mediterrane Gebiete zunehmend unter Trockenstress leiden werden (Moore, 2008; Thuiller, 2007). Dabei werden die landwirtschaftlichen Kulturen unterschiedlich stark betroffen sein. Untersuchungen der letzten 40 Jahren in Spanien haben gezeigt, dass Trockenheit zu einer Reduzierung der Erträge bei Weizen und Reben geführt hat, aber nicht beim Olivenertrag (Quiroga & Iglesias, 2009). Für eine Dauerkultur wie den Waldbau, ist es laut Coakley, (1995) schwierig, generelle Aussagen zu machen, da ihre Anpassungsmöglichkeiten beschränkt sind. Man kann nicht vorhersagen, wie sich der Klimawandel auf das Nutzholz langfristig auswirken wird. Im Moment kommt es zu einem verstärkten Wachstum. Gründe dafür sind die positiven Auswirkungen des steigenden CO_2-Gehalt als Dünger, solange andere Wachstumsfaktoren nicht limitiert sind, sowie der längeren Wachstumsphase und die steigenden Sonneneinstrahlungen. Doch sollte man vorsichtig sein über diese „positiven" Effekten, denn es muss nicht unbedingt zu einem Mehrertrag der Erntemenge führen. Oft wird nur die unterirdische Biomasse gefördert (Broadmeadow et al., 2005; Harald et al 2004; Parry et al, 1999).

Ein positiver Aspekt, der auch seine Schattenseiten hat. Man konnte beobachten, dass durch den zunehmenden Trockenstress die Abwehrmechanismen gegen Pilze herabgesetzt wurden (Green et al., 2008). Bei Temperaturen über 38 °C stellen C_3-Nutzpflanzen in den hiesigen Breitengraden ihr Wachstum ein und durch den steigende Evapotranspiration muss stärker bewässert werden (Harald et al, 2004). Einjährige Kulturen wie Salat, Gemüse oder Getreide haben für den Anbauer entscheidende Vorteile, sie sind flexibler in Ort, Sorte und Saatzeitpunkt, daraus ergibt sich ein besseres Anpassungspotenzial (Scherm, 2004; Coakley, 1995), aber auch hier muss das bisherige System angepasst werden.

Eine weitere Veränderung konnte für die nördliche Hemisphäre in den Wintermonaten gemessen werden. In diesem Zeitraum gibt es schon jetzt weniger Kältetage und die Wachstumsperiode hat sich im Vergleich zum Stand von vor 10 Jahren um 3 Wochen verlängert (Moore, 2008). Ein dokumentiertes Beispiel ist die Region um den 'Great Lake' in den USA. Dort hat sich das Klima seit 1980 dahingehend verändert, das es jetzt ein wärmeres Frühjahr und einen mäßig warmen Sommer gibt. Die Temperaturunterschiede zwischen den Jahreszeiten gingen zurück (Hannukkala et al., 2007). Solche Veränderungen bleiben nicht ohne Wirkung für die Landwirtschaft. Im Bestand wird die Blattfeuchtedauer zunehmen und eine pilzliche Infektion begünstigen. Hinzu kommt, dass durch die Hitze und Trockenheit mehr Stress auf die Pflanze ausgeübt wird, damit einher geht der Rückgang von Resistenzen in den Pflanzen. Blattstrukturen ändern sich unter dem Einfluss von CO_2 z. B. die Blattfläche nimmt zu oder die Kutikula wird dicker (Garrett et al., 2006). Eine Erwärmung kann die Pflanzen anfälliger gegenüber Krankheiten machen, die jetzt noch unbedeutend erscheinen (Coakley, 1999). Längere Vegetationszeiten bedingen längere Verweildauer der Pathogene in den Beständen, dadurch kommt es zu einer höheren Vermehrungsrate (Garrett et al., 2006). In den Untersuchungen von Oliva et al. (1999) zur Entwicklung von *Lobesia botrana* in Spanien wurden anstelle von 2-3 Generation 4 Generationen pro Jahr gefunden.

Mehrere Generationen pro Jahr sind als problematisch einzustufen, da bei einigen Pathogenen eine positive Korrelation zwischen steigenden Temperaturen und der Virulenz gefunden wurde (Garrett et al., 2006; Coakley, 1999). Pathogene mit hohem Risikopotenzial werden zukünftig diejenigen sein, die auf den Klimawandel positiv mit Aggressivität, Virulenz, Brechung oder Tolerierung der Wirtspflanzenresistenz und schneller Anpassungsfähigkeit an sich ändernde Bedingungen reagieren. Temperatur und Niederschlag sind zwei Parameter, die durch den Klimawandel verändert werden. Aber es sind auch wichtige Parameter für die Pflanzen und die Wirt-Parasit-Beziehung (Jeger & Pautasso, 2007; Garrett et al., 2006). Die klimatischen Bedingungen spielen bei der Etablierung einer neuen Spezies ebenso wie für die Kulturpflanzen eine wichtige Rolle (Ward, 2007). Deren Anbaugebiete werden sich in Folge der sich verändernden Umweltbedingungen verlagern und mit ihnen auch die Pathogene (Coakley, 1999). Laut von Tiedemann (1996) wird das Schaderregerauftreten in der Zukunft durch die – möglicherweise dem Klima angepassten - Anbautechniken bestimmt werden.

Außer Frage steht, dass sich ökologische Systeme anpassen werden. Doch die Folgen der Verschiebung von Arten- und Vegetationszusammensetzung für die Umwelt sind unabsehbar (Thomas et al., 2008). Es ist schwierig, auf einen Langzeiteffekt zu schließen, wenn nur Daten zu kurzen Zeiträumen vorhanden sind wie z. B. saisonale Schwankungen (Shaw et al., 2007). Außerdem hat jede Region ihre eigenen spezifischen klimatischen Schwankungen (Parry et al, 1999). Bei vergleichenden Untersuchungen von Woods et al. (2005) zu Blattkrankheiten stellte er fest, dass diese wegen der Abhängigkeit der Umweltbedingungen für eine Sporulation, Keimung und Ausbreitung eher vom Klimawandel beeinflusst werden, als Insekten und Unkräuter. Ein anderer Grund für die limitierten Studien ist, dass es auch

Einflussfaktoren gibt, die nicht durch die Umwelt verursacht werden wie z.B. Management und Sortenwahl (Scherm. 2004).

Wie und wie stark sich das Klima verändert, hat unterschiedliche Auswirkungen auf die verschiedenen Ökosysteme (Garrett et al., 2006). Bis 2045 wird sich die Vegetation in einem kurzen Zeitraum stärker verändern als je zuvor. Dieses ist positiv korreliert mit endemischen Arten und dem Rückgang einheimischer Arten (Thomas et al., 2008). Bis zum Jahr 2050 werden 15 – 37 % der einheimischen Arten in einem Ökosystem ausgestorben sein (Thuiller, 2007). Bei einer Klimaerwärmung von 5 °C müssten, laut Hansen et al. (2006) 50 – 90 % der Spezies in andere Gebiete wandern, um gleiche Bedingungen vorzufinden. Ein weiterer wichtiger Punkt sind bei Chakraborty (2008) Mutationen, Selektionen und andere evolutionäre Prozesse, die die Bildung von neuen Rassen beschleunigen. Dadurch können sich angepasste Arten durchsetzen. Alle diese Punkte machen es schwer, generelle Aussagen über das Verhalten von Pathogenen zu machen (Coakley et al., 1999). Standortspezifische Verschiebungen zu wärmeadaptierten Schaderregern sind in unseren Breitengraden bei einer Klimaerwärmung möglich und sehr wahrscheinlich (v. Tiedemann, 1996). Ein Beispiel für einen temperaturabhängigen Schaderreger ist *Guignardia bidwellii*, der an warme humide Klimate angepasst ist und seit kurzem in Deutschland für nennenswerte Schäden sorgt.

Guignardia bidwellii (Ellis) Viala & Ravaz, der Erreger der Schwarzfäule an Reben, stammt aus amerikanischen Weinbauanlagen. Vor allem im Süden und im Südwesten von Nordamerika ist der Erreger bekannt. Erste Funde wurden in Florida und Boston in den Jahren 1921 und 1924 gemeldet (Luttrell, 1948; Reddick, 1911). Im Norden der USA ist auf Grund der ungünstigen Klimabedingungen (strenge Winter) kaum Weinbau möglich. Die klimatischen Bedingungen für den Erreger sind ungünstig. Der Weinbau in der Gegend von St. Louis nahm in den Jahren 1860 bis 1864 zu, und damit einhergehend kam es zum verstärkten Auftreten dieser Krankheit in den USA (Reddick, 1911).

Ab dem Jahre 1885 veränderte sich das Verbreitungsgebiet von *G. bidwellii*, die Krankheit wurde zuerst nach Frankreich eingeschleppt, von da aus verbreitete sich die Schwarzfäule nach Deutschland, Italien und Asien und weltweit in alle Weinbaugebiete (Eyres et al., 2006; Anonym, 2005; Jermini & Gessler, 1996; Farr et al., 2001; Caltrider 1961 und Reddick, 1911). Die Ernteausfälle belaufen sich je nach Menge des Inokulums auf 5 – 80 % (Eyres et al., 2006 Jermini & Gessler, 1996; Kummuang et al., 1996 und Ferrin & Ramsdell, 1977). Im

Tessin wurde *G. bidwellii* das erste Mal 1989 gefunden, in Deutschland trat die Krankheit 1933 in Baden auf, aber dieses blieb für lange Zeit ein einmaliger Fall (Anonym, 2005 und Jermini & Gessler, 1996). Die Situation änderte sich im Jahr 2002, als die Schwarzfäule an der Mosel nachgewiesen werden konnte, von da an richtete die Krankheit größere Schäden in Deutschland an (Anonym, 2005). Im Jahr 2004 kam es in den Weinbaulagen der Mittel- und Untermosel, Nahe und am Mittelrhein zu mittelstarker Ertragsausfälle bis zu Totalausfällen (Anonym, 2005). In warmen und humiden Regionen kann diese Krankheit für schwere Ernteeinbußen sorgen (Hoffmann, 2004 und Kummang et al., 1996), dagegen fand man sie kaum in kalten und trockenen Regionen (Eyres et al. 2006 und Reddick, 1911), wie sie in Deutschland, vor allem im Winter, vorherrschten.

Die Symptome des Pilzes sind nur oberirdisch zu finden. Alle grünen Teile einer Rebe können durch den Pilz befallen werden, vor allem, wenn diese noch im Wachstum sind (Eyres et al., 2006; Hoffmann 2004 und Reddick, 1911). Im Juni und Anfang Juli erscheinen hellgraue – bräunliche Flecken auf den Blättern, mehr oder weniger kreisrund. Es sind erst wenige Flecken zu erkennen, aber im Laufe der Zeit nimmt die Anzahl zu. Diese Flecken sind 2 – 9 mm groß und über das ganze Blatt verteilt (Abb. 2 A). Mit fortschreitender Entwicklung werden aus den grauen Flecken rot-braune Nekrosen, die von einem dunklen Rand umgeben sind (Abb. 2 B) (Luttrel, 1948 und Reddick, 1911). Nach wenigen Tagen werden auf den Nekrosen Pyknidien sichtbar, in denen Konidien produziert werden. Bei geeigneter Witterung platzen die Pyknidien auf, und die Konidien werden entlassen und gelangen mit Wind und Wasser auf andere Blätter oder Rebenteile. Mit fortschreitender Entwicklung des Pilzes stirbt das Blatt vollständig ab (Eyres et al, 2006). Auf den Trieben verursachen die Konidien etwas andere Symptome als auf den Blättern (Abb.2 C). Zuerst werden dunkle Flecken sichtbar, die nicht kreisrund sind, sondern eher länglich. Diese Stellen werden mit der Zeit braun und die obersten Gewebeschichten reißen auf. Auch hier bilden sich mit der Zeit die Pyknidien, die im Laufe der Zeit Konidien entlassen (Luttrel, 1948 und Reddick, 1911).

Wirtschaftlich bedeutend sind die Beeren, diese werden schon zu Beginn der Blüte infiziert. Zuerst sind die Flecken klein und nur ca. 1 mm groß, hellgrau und fleckig verfärbt. Dann tritt eine rosafarbene später ins hellbraune gehende Verfärbung auf. Nach und nach verfärbt sich die ganze Beere. Im Laufe der Zeit fängt das befallene Gewebe an zu schrumpfen. Die umliegenden Beeren können zu diesem Zeitpunkt noch Symptom los sein. Zwischen dem befallenen Gewebe und dem noch grünen Gewebe bildet sich eine graue Trennschicht aus.

Wie auch auf den Blättern und Stengeln, bilden sich unter der Beerenhaut die ersten Fruchtkörper. Diese verfärbt sich rotbraun bis schwarz. Mit fortschreitender Entwicklung der Krankheit werden immer mehr Zellen zerstört und die Beere fällt ein. Die Oberfläche ist dicht mit Pyknidien überzogen (Abb. 2 D), die nach und nach die Konidien entlassen und andere Beere infizieren können. Zurück bleiben nur noch schwarze Fruchtmumien in den Gescheinen (Eyres et al., 2006; Holz und Hoffmann, 2005 und Reddick, 1911).

Abbildung 2: Symptome von *Guignardia bidwellii* auf Blatt, Stengel und Traube
    A: Nekrotische Flecken auf dem Rebenblatt
    B: Nekrose auf einem Rebenblatt mit Pyknidien
    C: Nekrose auf einem Trieb
    D: Fruchtmumie einer Traube mit Pyknidien

Guignardia bidwellii überwintert an abgestorbenem Pflanzenmaterial wie Blättern oder mumifizierten Trauben, aber auch an Trieben (Kummang et al., 1996 und Kuo & Hoch 1996). Vor allem in stillgelegten Weinbergen, den so genannten ‚Drieschen', kann der Pilz sich ungestört entwickeln. Während des Winters bildet er Perithecien, in denen Ascosporen gebildet werden (Abb. 3), die dann im Frühjahr aus den ‚Drieschen' bei günstiger Witterung für die erste Infektion im Ertragsanbau sorgen (Steel et al., 2007, Kummuang et al., 1996 und

Ferrin & Ramsdell, 1977). Für eine erfolgreiche Keimung benötigt der Pilz eine hohe Luftfeuchtigkeit und Temperaturen zwischen 18 – 28 °C. Die Infektion ist abhängig von der Temperatur und Blattnässedauer (Jermini & Gessler, 1996; Kummuang, 1996; Spotts, 1977; Caltrider, 1960/ 1961). Nach Eyres et al. (2006) und Ferrin & Ramsdell (1978) wird der Pilz im Bestand mit Regen und Wind verbreitet.

Im Frühjahr, vor und während der Blüte, werden die Gescheine durch Ascosporen und durch erste Konidien befallen. Dabei ist die Menge an Inokulum entscheidend für die Stärke eines Befalls (Hoffmann und Wilcox, 2002). Während der Blüte sind die Gescheine am empfindlichsten (Ferrin & Ramsdell, 1978/1977). Damit ist der Pilz in dieser Entwicklungsphase wirtschaftlich sehr gefährlich. Während des Sommers werden vermehrt in Pyknidien Konidien gebildet, die dann Blätter, Triebe und die Trauben befallen (Eyres et al., 2006). Kurz vor der Lese kann man große Veränderungen bei den Früchten sehen. Diese fallen ein und werden zu Fruchtmumien, in denen der Pilz überwintern kann. Im Herbst zieht sich dieser weiter ins Gewebe zurück und bildet Perithecien mit Ascosporen, für die nächste Infektion im kommenden Frühjahr. Der Pilz ernährt sich pertotroph. Er befällt zuerst lebendes Gewebe und tötet dieses ab und entwickelt sich weiter (Kuo & Hoch, 1996).

Bei einer Bekämpfung der Schwarzfäule sollten indirekte Maßnahmen und direkte Maßnahmen genutzt werden (Eyres et al., 2006 Anonym, 2006; Hoffmann, 2004). Zu den hygienischen Maßnahmen zählt das Roden der Drieschen (Abb. 3 A), um das Inokulumpotenzial zu verringern. Durch termingerechte Laubarbeiten im Bestand wird eine schnellere Abtrocknung gefördert, dabei sollte befallenes Holz und Fruchtmumien entfernt werden. Des Weiteren fördert eine luftige Laubwand die Applikationsqualität von Pestiziden. Den anfallenden Schnitt sollte man nicht Mulchen, sondern kompostieren, um die Sporen abzutöten, gleiches gilt für den Traubentrester.

Ein mechanischer Rückschnitt verschlechtert die Befallssituation, da viele Fruchtmumien zurückbleiben, wie in Abbildung 4 B zu sehen ist (Hoffmann und Wilcox, 2002). Zur direkten Bekämpfung der Schwarzfäule sind einige Pflanzenschutzmittel genehmigt worden. Es sind Mittel aus der Gruppe der Dithiocarbamate, Stroblilurine und Triazole. Flint®, Polyram WG® und Systhane 20 EW® sind auf dem Markt gegen die Schwarzfäule. Es gibt noch andere deren Anwendung gegen *G. bidwellii* nicht genehmigt ist, aber dennoch eine Wirkung zeigen, wie z.B. Kupfer. Eine Behandlung erfolgt witterungsabhängig zwischen dem (ES 15) 5. Blattstadium und (ES 81) Beginn der Reife (Anonym, 2006; Holz & Hoffmann, 2005;

Hoffman, 2004; Hoffmann & Wilcox, 2002; Jermini & Gessler, 1996; Ferrin & Ramsdell 1977). Zunehmende Probleme entstehen im ökologischen Weinbau, da sich die Wirkung von Schwefel als unzureichend hinsichtlich einer Bekämpfung von *G. bidwellii* herausgestellt hat (Gadoury et al., 1994). Laut Holz & Hoffmann (2005) ist eine direkte Bekämpfung im ökologischen Weinbau allenfalls mit Kupfer möglich, ansonsten bleiben nur die indirekten hygienischen Maßnahmen.

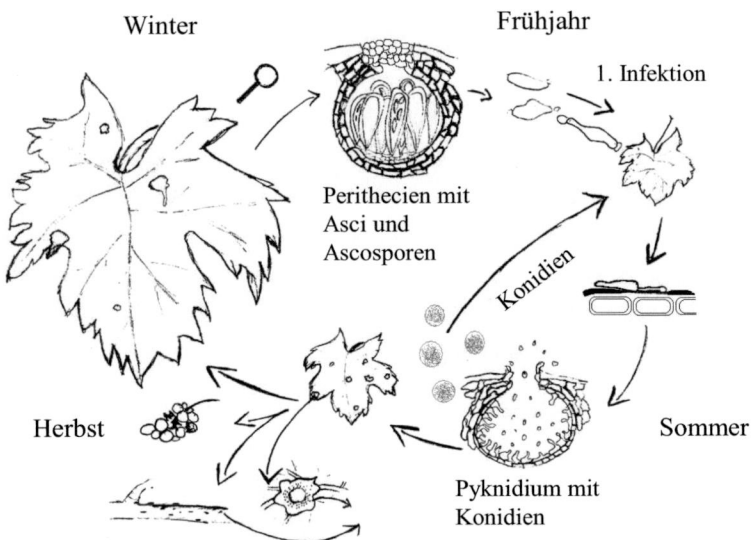

Abbildung 3: Infektionskreislauf von *Guignardia bidwellii*

Abbildung 3: A: Steillage in einem Weinberg mit Drieschen bei Bernkastel-Kues (2006);
B: Fruchtmumien im Bestand bei Bernkastel –Kues (2006)

In Europa wurden die Reben von zwei pilzlichen Krankheitswellen und einer insektuiden Wellen erfasst, die fast das Ende des europäischen Weinbaus bedeutet hätten (Henningsen, 2003). Die erste Welle begann im Jahr 1848 mit *Uncinula necator* (Echter Mehltau), im Jahr 1850 folgte die Rebenpockenmilbe (*Dactylosphaira vitifolia*) Die vorerst letzte Epidemiewelle wurde von *Plasmopara viticola* (Falscher Mehltau) im Jahre 1878 verursacht. Die Verluste waren beträchtlich, sie reichten von 80 % Schaden bis zu Totalausfällen in den Jahren 1848 – 1885 und sorgten damit beinahe für die Stilllegung der gesamten Weinbauflächen in Europa (Agrios, 2005 und Henningsen, 2003). Doch auch im 21. Jahrhundert traten verheerende Schäden in den Rebanlagen auf. Das unerwartete Auftreten der Schwarzfäule in Deutschland in den Jahren 2003 und 2004 durch den Pilz *G. bidwellii* ist eine weitere Krankheit, die für Totalausfälle an der Nahe, der Mosel und dem Mittelrhein sorgte. An Hand dieser Krankheit sollen verschiedene Risikoszenarien dargestellt werden. Für die Versuche wurden die Sorte 'Müller-Thurgau', welche 1882 auf den Markt eingeführt wurde (Ehrlich, 2008; Anonym 2006) und die Sorte 'Chardonnay' verwendet. In anderen Untersuchen zu *G. bidwellii* wurden die Sorten 'Concord', 'Chardonnay' (Hoffmann, 2002; Hoffmann 2003 und Ferrin, 1977), Riesling (Hoffmann, 2002), 'Muscadine' (Luttrell, 1948), 'Aurore und Baco Noir' (Spotts, 1977) und 'Merlot' (Jermini, 1996) herangezogen.

In der zu Grunde liegenden Arbeit sollen die Frage überprüft werden, in wie weit die steigende Temperatur eine Auswirkung auf die Etablierung von *Guignardia bidwellii* in Deutschland hatte und wie sieht es damit im restlichen Europa aussieht. Und wie/ wo sind die zukünftigen Etablierungsgebiete dieser Krankheit unter dem Einfluss verschiedener, zukünftiger Temperaturmodell. Um die Hypothese zu überprüfen soll eine Datenbank zum Verhalten und Entwicklung des Pilzes angelegt werden.

3 Material und Methoden

3.1 Pflanzen

Als Mutterpflanzen wurden Reben (*Vitis vinifera* L.*)* der Sorten 'Chardonnay' der Rebenschule Steinmann und 'Müller-Thurgau' die aus den Beständen von Bayer© zur Verfügung gestellt wurden verwendet. Diese wurden im Gewächshaus angezogen und kultiviert.

3.1.1 Anzucht und Vermehrung

Von Mutterpflanzen der Sorten 'Chardonnay' und 'Müller-Thurgau' wurden Stecklinge geschnitten und die Blattflächen ein gekürzt, um die Transpirationsfläche zu verringern. Anschließend wurden die Stecklinge in ein mit Wasser getränktes „Oasis Growing Medium" (Schaumstoff) gesteckt. Danach wurden die Stecklinge in eine mit Wasser gefüllte Schale im Gewächshaus aufgestellt. Die Topfung erfolgte nach erster Wurzelbildung in 9 x 9 x 6 Töpfe mit Erde der Firma Terreau Professional Gepac Typ 73. Die Erde wurde vor dem Topfen mit 0,2 % (w/v) Kalk und 0,2 % (w/v) Plantosan® Langzeitdünger (NPK 20 + 10 + 15) angereichert. Aufgestellt wurden die Stecklinge im Gewächshaus bei einer Temperatur von ca. 24 + 1 °C und einer relativen Luftfeuchtigkeit von ca. 50 %. Zusätzlich erfolgte eine tägliche Beleuchtung von 16 h (7600 lux) mit Natriumdampflampen (SGR 140, Philips, Hamburg). Die Übernahme der Reben in die Versuche erfolgte nach weiteren 8 - 10 Wochen, zu diesem Zeitpunkt hatten sich ca. 8 - 10 Blätter voll entwickelt.

3.1.2 Anlage der Versuche

Untersuchungen zu unterschiedlichen Temperaturszenarien fanden in Klimakammern bei 15, 20, 25, 30 und 35 °C statt. Die Reben wurden auf einem Vlies mit hoher Wasseraufnahmekapazität aufgestellt. Sie wurden im Dreiecksverband angeordnet, damit sie den größtmöglichen Abstand hatten. Es erfolgte eine tägliche Kontrolle der Reben auf Symptome, weiterhin folgte eine Wässerung und Düngung der Reben nach Bedarf.

3.2 Pathogen

Die Untersuchungen wurden mit *Guignardia bidwellii* (Ellis) Viala & Ravaz, dem Erreger der Schwarzfäule an Reben, durchgeführt. [Sexuelles Stadium: *Phyllosticta ampelicida* (Engelm.) Aa (http://srs.ebi.ac.uk/)]

3.2.1 Herkunft

Ein Freilandisolat von 2005 aus Bernkastel-Kues wurde für die Inokulation an Pflanzen in Kultur genommen. Für die Medienversuche standen vier weitere Isolate zur Verfügung. Die drei Isolate 8107, 8143 (Mosel) und 8154 (Bad Dürkheim, Pfalz) wurden vom Dienstleistungszentrum Ländlicher Raum (DLR) – Rheinlandpfalz – zur Verfügung gestellt. Ein weiteres Isolat wurde bei der DSMZ bestellt. Das 5. Isolat stammte aus eigener Inkulturnahme von Rebenblättern (Ursprung: Bernkastel-Kues) (Tabelle 1).

Tabelle 1: Übersicht über die verwendeten Isolate

Isolat	Eigene Nummer	Herkunft
8107	1	DLR (Dienstleistungszentrum Ländlicher Raum – Rheinlandpfalz-)
8153	2	DLR
8154	3	DLR
DSM 3513	4	DSMZ (deutsche Sammlung von Mikroorganismen und Zellkulturen GmbH) Braunschweig
5	5	Bernkastel-Kues

3.2.2 Pathogenerhaltung

Reben

Für die Inkulturnahme auf Pflanzen wurden die Fruchtmumien, die in Bernkastel-Kues gesammelt wurden, mit einem Mörser zermahlen und auf feuchte Rebenpflanzen gestreut. Diese so inokulierten Reben standen für 32 Stunden in einem Feuchtschrank bei annähernd 100 % rel. Luftfeuchte. Die Aufstellung der Reben erfolgte im Gewächshaus unter kontrollierten Bedingungen. Nach Sichtbarwerden der ersten Symptome an den Reben inkubierten die Symptom tragenden Blätter in einer Feuchtebox für 24 Stunden. Dann wurden die Blätter abgewaschen. Anschließend erfolge eine erneute Inokulation befallsfreier Reben mit der Konidiensuspension. Eine optimale Umgebung für eine erfolgreiche Infektion wurde mit Hilfe eines Feuchteschrankes oder Autoklavierbeutels erreicht, je nach Größe der Reben. Das Aufstellen der Reben erfolgte in Gewächshaus. Alle 4 - 6 Wochen fand eine Erneuerung des Inokulum für die Erhaltungszucht und Versuche statt.

Inkulturnahme des Pilzes

Die Isolation des Pathogens auf Platte erfolgte auf Traubenagar. Dazu wurden 200 g Trauben zerstoßen und mit 200 ml Traubensaft und demineralisiertem Wasser versetzt. Zusätzlich wurde dem Agar 43,5 g Hafermehl und vier verschiedene Antibiotika (Chlortetracyclin, Penicillin, Ampicillin und Streptomycinsulfat), in einer Konzentration von 100 ppm, hinzu gegeben. Nach dem Autoklavieren wurde der Agar sofort gegossen. Das Beimpfen der Agarplatte mit einem Pilz besiedeltem Rebenblatt erfolgte 24 Stunden später. Dazu wurden die Rebenblätter mit Symptomen erst in 1,4 % Natriumhypochlorid für 10 sec. und anschließend zwei Mal mit sterilem demineralisiertem Wasser gespült. Danach wurden kleine infektiöse Stellen mit der Blattoberseite auf den Agar gelegt. Das Vermehren und Überimpfen erfolgte 3 - 6 Wochen später auf Hafermehl- oder Maisagarplatten.

Medium

Die Erhaltung von *Guignardia bidwellii* erfolgte durch Übertragung der einzelnen Isolate, alle 3 - 4 Wochen auf Maisagar. Diese wurden bei 25 °C im Inkubator gelagert. Parallel dazu wurden Haferagarplatten verwendet, auf denen ein schnelleres und optimiertes Wachstum möglich war. Für die Versuche wurden 3 - 4 Wochen alte Platten von *Guignardia bidwellii* verwendet, wobei mit einem Korkbohrer (Ø 7 mm) Stücke ausgestochen wurden, um sie weiter zu überimpfen. Alle Arbeiten mit Agarplatten wurden unter sterilen Bedingungen an der Impfbank vorgenommen, um Kontaminationen zu vermeiden.

3.2.3 Gewinnung der Sporen

Für verschiedene mikroskopische Untersuchungen wurden die Konidien von Blättern abgewaschen, die vorher in einer Feuchtebox für 24 Stunden inkubierten. Dafür wurden Rebenblätter mit Symptomen, für einen Tag, in eine Plastikbox mit demineralisiertem Wasser gelegt und verschlossen. Die Blätter wurden in einem Becherglas für eine halbe Stunde auf einem Magnetrührer mit 0,01 % (v/v) Tween 20 auf einer Magnetplatte zum Rühren gebracht Die so erhaltende Suspension wurde durch mehrlagige Mulltücher gefiltert, um Schmutzpartikel zu entfernen. Die gewünschte Konidiendichte wurde ja nach Fragestellung mit Hilfe der Fuchs-Rosenthal-Kammer eingestellt.

3.2.4 Inokulation

Die Inokulation erfolgte mit einer Konidiensuspension von *G. bidwellii*. Diese Suspension wurde aus der Erhaltungszucht gewonnen. Für die Durchführungen der Versuch wurde die Konzentration von 3×10^4, 5×10^4 und 25×10^4 Konidien ml^{-1} eingestellt.

Punktinokulation

Von 2 - 3 Monate alten Reben wurden Blätter aus den oberen Blattetagen entnommen und auf ein Gitternetz in eine Licht durchlässige Feuchtebox gelegt. Die Box wurde 2 -3 cm hoch mit Wasser gefüllt, damit die Stengel der Rebenblätter ins Wasser ragten. Dieses hatte den Vorteil, dass die jungen, empfindlichen Rebenblätter länger frisch blieben. Danach folgte eine Applikation von 15 µl, der auf 3 x 10^4 eingestellten Konidiensuspension, auf die Oberseite der Rebenblätter. Die Feuchtebox wurde dann so mit einem Deckel verschlossen, dass noch ein Luftaustausch in der Kammer möglich war.

Flächige Ausbringung

Alle Versuche an Reben wurden an ganzer Pflanze durchgeführt, d.h. sowohl das jüngste als auch das älteste Blatt wurden eingesprüht. Die Blattoberfläche wurde vollständig mit einer Suspension von 3 x 10^4 bzw. 5 x 10^4 Konidien ml^{-1} bedeckt. Mit einem Handsprüher wurden die Blätter aus ca. 20 cm Entfernung tropfnass besprüht. Danach wurden die Pflanzen für 24 Stunden in einem Feuchteschrank oder unter Autoklavierbeutel aufgestellt und später auf verschiedene Klimakammern verteilt.

Inokulation für Rasterelektronenmikroskopie

12 Wochen alten Reben wurden in einer Klimakammer bei 25 °C aufgestellt. Zur Entfernung anhaftender Schmutzpartikel wurden die Reben 3 Tage lang mit Leitungswasser überbraust, da Verunreinigung die Aufnahmen stören können. Symptom tragenden Blätter wurden 24 Stunden vor der Inkubation einmal mit Leitungswasser abgewaschen, für 24 Stunden in eine Feuchtebox, bevor die Konidien abgewaschen werden konnten. Die Suspension wurde zweimal durch Mulllagen gefiltert, um weiten Schmutz zu entfernen. Die Bestimmung der Sporendichte erfolgte mit der Fuchs-Rosenthal-Kammer. Danach wurden die Reben inokuliert und für 24 Stunden bei 100 %tiger rel. Luftfeuchte in Klimakammern, unter Plastiktüten, aufgestellt. Für Punktinokulationen wurden gezielt einzelne Rebenblätter inokuliert.

3.2.5 Erfassung des Befalls

Nach sichtbar werden erster Symptome erfolgte die Auswertung des Befalls an ganzen Rebenpflanzen über den Boniturschlüssel (Tabelle 2 und Abbildung 5). Beginn der Bonitur war ca. 10- 14 Tage je nach Temperatur und Sorte. In jeder Wiederholung (n = 10 Pflanzen) wurden ab dem ersten nicht inokulierten Blatt nach unten bonitiert. Die Erfassung erfolgte über Befallshäufigkeit und Befallsverteilung der ganzen Pflanze und der Blattetagen.

Tabelle 2: Boniturschlüssel für *Guignardia bidwellii* an Reben

Boniturnote	Beschreibung des Symptoms
0	Keine Symptome auf den Blättern
1	Erste Aufhellungen auf den Blättern
2	Verstärkte Aufhellungen und grüne Mittelrippen
3	< 50 % der Blätter sind graue Flecken
4	> 50 % der Blätter sind graue Flecken
5	< 50 % der Blätter sind nekrotische gelb / rote Flecken
6	> 50 % der Blätter sind nekrotische gelb / rote Flecken
7	Die ersten Pyknidien erscheinen als schwarze Punkte
8	Die Stengel der Blätter weisen Flecken / Pyknidien auf

Befallshäufigkeit:
$$\frac{\text{befallene Blätter}}{\text{gesamte Anzahl der Blätter}} \times 100$$

Dieses führte zur Befallshäufigkeit der erkrankten Pflanze (%-Anteil der befallenen Blätter pro Pflanze), die mit Hilfe der Statistik verrechnet und ausgewertet wurden.

Befallsverteilung:
$$\frac{([\text{Blattetage 1}]\ 1\text{Pfl.} + 2\ \text{Pfl.} + \ldots 10\ \text{Pfl.})}{10}$$

Dieses führte zur Befallsverteilung der erkrankten Pflanze (Durchschnittswerte für einzelne Blattetagen), die statistisch ausgewertet wurden.

Blattetage 1 – 10 von oben gezählt

Pfl. = Pflanze 1 – 10

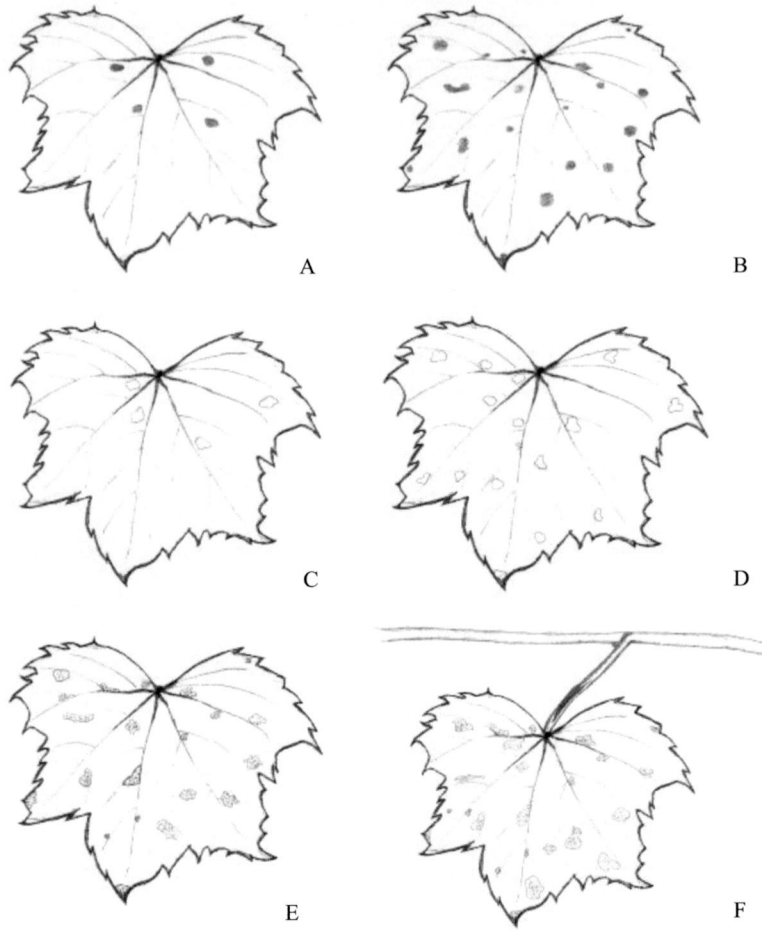

Abbildung 4: Schematische Darstellung des Befalls von *Guignardia bidwellii* an Hand von Skizzen der Rebenblätter. A – F stellen die verschiedenen typischen Symptome von *G. bidwellii* dar. Die Zahlen ( ) stellen die Boniturnoten dar.

A = < 50% der Blätter mit grauen Flecken befallen (III);
B = > 50% der Blätter mit grauen Flecken befallen (IV);
C = < 50% der Blätter sind mit nekrotischen gelb / roten Flecken befallen (V);
D = > 50% der Blätter sind mit nekrotischen gelb / roten Flecken befallen (VI);
E = die ersten Pyknidien erscheine als schwarze Punkte auf den nekrotischen Flecken (VII);
F = Stengel der Blätter weisen erste Flecken und Pyknidien auf (VIII).

3.3 Fungizide

Die verwendeten Fungizide zählen zu unterschiedlichen Wirkstoffklassen. Sie haben alle eine Zulassung im Weinanbau gegen den Erreger des Echten Mehltau an Reben *Uncinula necator*. Das Mittel Carpropamid findet keine Anwendung im Weinbau.

3.3.1 Wirkstoffe

Fluquinconazol

Handelsname: Castellan®, BASF AG

Wirkstoffgehalt: 250 g / kg Fluquinconazol, wasserdispergierbares Granulat

Fluquinconazol ist eines auf Quinazolin-Basis aufgebautes Triazol. Das Mittel hemmt die Ergosterolbiosynthese im pilzlichen Stoffwechsel. Die Anwendung findet sowohl protektiv als auch kurativ statt.

Trifloxystrobin

Handelsname: Flint ®, Bayer CropScience Deutschland GmbH

Wirkstoffgehalt: 500 g / kg Trifloxystrobin, wasserdispergierbares Granulat

Trifloxystrobin gehört zu den Strobilurinen und wirkt auf den Cytochrom bc1-Komplex. Diese Mittel haben ein breites Wirkungsspektrum, welches überwiegend protektive Wirkung gegenüber Saprophyten wie auch gegen *Ascomyceten, Basidiomyceten* und *Oomyceten* zeigt. Der Mechanismus beruht auf der Inhibition des Pathogens durch Bindung an die Qo-Site des Cytochroms b. Der Elektronentransfer zwischen Cytochrom b und Cytochrom c wird unterbunden und damit die Produktion von ATP blockiert.

Quinoxyfen

Handelsname: Fortess®, Dow AgroScience GmbH

Wirkstoffgehalt: 500g / l Quinoxyfen, Suspensionskonzentrat

Quinoxyfen gehört der chemischen Stoffklasse der Phenoxyquinoline an. Die Hemmung findet durch eine Störung der frühe Signaltransduktion statt. Dadurch wird die Bildung von Appressorien / Infektionsorganen gehemmt. Der genaue Wirkungsort des Fungizids ist noch nicht gefunden worden.

Carpropamid

Diese Verbindung lag als reiner Wirkstoff vor, Bayer CropScience Deutschland GmbH

Wirkstoffgehalt: 98,7 % Pulver

Der Einsatz von Carpropamid ist gegen *Pyricularia oryzae* Die Applikation erfolgt protektiv.

Es hemmt den Melanisierungsprozess bei Pilzen und im Besonderen die Melanisierung der Appressorien, damit das Eindringen des Pilzes unterbunden. Der Wirkstoff (98,7 %) wurde in 1 ml Aceton gelöst und mit 0,03 % Emulgator PS 16 formuliert.

Schwefel

Handelsname: Kumulus WG®, BASF Aktiengesellschaft

Wirkstoffgehalt: 800 g / kg Schwefel, wasserdispergierbares Granulat

Gehört zu den anorganischen Pflanzenschutzmitteln und wird protektiv eingesetzt. Es wird vor allem zur Bekämpfung der Echten Mehltau Pilze im Weinbau, Obstbau und Getreideanbau eingesetzt. Der Wirkungsort des toxischen Effekts ist noch nicht genau bekannt.

3.3.2 Anwendung / Applikation

Die Experimente wurden in Klimakammern durchgeführt. Es sollte der Einfluss verschiedener Pflanzenschutzmittel auf die Symptomentwicklung von *Guignardia bidwellii* an den Sorten 'Chardonnay' und 'Müller-Thurgau' untersucht werden. Die Applikation erfolgte an 6 – 10 Wochen alte Rebenpflanzen. Eine Inokulation fand 48 und 24 Stunden vor Inokulation, sowie Zeitgleich, 24 und 48 Stunden nach Inokulation statt. Bei Fungiziden, für die sich eine Wirksamkeit gegen das Pathogen herausstellte (Flint, Castellan) wurde auch die 1/2 Aufwandsmenge für eine Untersuchung herangezogen.

Basisaufwand:

Flint ®0,06 kg /ha,
Kumulus® 3,6 kg/ha,
Castellan® 0,08 kg/ha, } in 400 l/ha Wasser
Fortress® 0,25 l/ha
Carpropamid® 0,25 g/ha

Je 20 ml der verschiedenen Fungizidlösungen wurden mit Hilfe eines Handsprühers gleichmäßig auf alle Blätter einer Rebenpflanze aufgebracht. Um eine gute Verteilung des Fungizids zu erreichen wurde mit einem Abstand von ca. 20 cm gearbeitet. Danach wurden die Rebenpflanzen bei einer Temperatur von 26 °C + 3 °C und 16 Stunden Licht in einer Klimakammer aufgestellt.

3.4 Erfassung des pilzlichen Wachstum *in vitro*

Zur Untersuchung des Einflusses verschiedener Kulturmedien auf das Wachstum von *Guignardia bidwellii* wurden die 5 Isolate auf verschiedene Medien überimpft. Es wurde das radiale Myzelwachstum gemessen. Ferner fanden Untersuchungen zum Einfluss des Lichts beim Myzelwachstum auf den Medien Potato Dextrose Agar (PDA) und Maisagar statt.

3.4.1 Herstellen der Medien

Für eine Untersuchung zum Einfluss der Medien auf *G. bidwellii* wurden sieben verschiedene Medien getestet (Tabelle 3). Zusätzlich wurde bei Traubensaftagar vier verschiedene pH-Wert-Varianten (pH-Wert 4, 5, 6, 7) eingestellt, um den Einfluss des pH-Wertes zu messen.

Tabelle 3: Übersicht über die verwendeten Medien

Medium	Zusammensetzung
CZID Agar	35 g Czapek Dox Agar (MERCK)+ 10 g Agar – Agar + 50 mg Chloramphenicol + 2 ml + 1 ml Dichloran – Lösung (0,2 % in Ethanol) + 1000 ml Aqua demineralisiert
Haferagar	72,5 g Hafermehl – Agar (Difco^{TM} Oatmeal Agar) + 1000 ml Aqua dest.
Maisagar	2g Maisstärke (MERCK)+ 17 g Agar – Agar + 1000 ml Aqua dest.
PDA	39 g Potato Dextrose Agar (MERCK) + 1000 ml Aqua dest.
PDA^{4+} mit 4 Antibiotika	39 g Potato Dextrose Agar (MERCK)+ 1000 ml Aqua dest + 100 ppm Chlortetracyclin, Penicillin, Ampicillin und Streptomycinsulfat
Traubensaftagar	72,5 g Hafermehl – Agar (Difco^{TM} Oatmeal Agar) + 900 ml Aqua dest. + 100 ml Traubensaft (Demeter, Voelkel, Traubensaft, weiß)
Wasseragar	17 g Agar – Agar + 1000 ml Aqua dest.

3.4.2 Myzelwachstumstest

Das radiale Wachstum von verschiedenen *Guignardia bidwellii* – Isolaten wurde unter dem Einfluss verschiedener Medien und pH–Werte untersucht. Die Auswertung erfolgte wöchentlich über 3- 4 Wochen. Die Platten standen über den ganzen Versuchszeitraum in einem Inkubator bei einer konstanten Temperatur von 25 °C, ohne zusätzliche Beleuchtung. Für die Untersuchungen des Einflusses von Licht wurden zusätzlich Platten im gleichen Zeitraum in einer dunklen Box bei gleicher Temperatur aufgestellt. Die unterschiedlichen Temperaturen wurden mit Hilfe von Klimakammern simuliert.

3.5 Mikroskopische Untersuchungen

3.5.1 Mikroskopie

Die mikroskopischen Untersuchungen zur pilzlichen Entwicklung sowie zum Einfluss der Temperatur und Medien auf die Struktur des Pathogens wurden mit einem Leitz DMR-Photomikroskop der Firma Leica durchgeführt, welches mit 5 PL Fluator Objektiven ausgestattet war. Es standen Objektive mit 5-, 10-, 20-, 40-, und 100-fache Vergrößerung zur Verfügung. Die Bilder wurden mit einer Digitalkamera (Hitachi HV–C20A) aufgenommen. Die Auswertung erfolgte mit dem Programm Diskus Version 4.30 (Technisches Büro Hilgers, Königswinter, D.) Ferner stand ein weiteres Photomikroskop zur Verfügung, Modell Leica DM 6000 B ebenfalls mit 5 PL Fluator Objektiven ausgestattet. Die Objektive hatten eine 10-, 20-, 40-, 63- und 100-fache Vergrößerung. Für Aufnahmen besaß das Mikroskop eine Digitalkamera (KYF75U der Firma JVC). Zur Auswertung pilzlicher Strukturen wurde am PC mit der Software Diskus Version 4.6 (Technisches Büro Hilgers, Königswinter, D.) gearbeitet. Die Auswertung von Fluoreszenzanfärbungen wurden mittels Fluoreszenzmikroskopie (DMRB Fotomikroskop Leica, Wetzlar) gemacht. Um eine verbesserte Tiefenschärfe bei den Bildern zu erhalten wurde zusätzlich das Programm Helicon Focus Version 4.30 verwendet. Mit Hilfe dieses Programms wurden die Bilder aus verschiedenen Bildebenen übereinander gelegt. Das Programm berechnet aus den Bildern ein scharfes Bild.

Tabelle 4: Filterkombinationen

	Anregungsfilter [nm]	Teilerspiegel [nm]	Sperrfilter [nm]
Interferenz Kontrast	BP 340 – 380	FT 400	LP 430
Fluoreszenz	Nile red:		
	BP 340-380	FT 400	LP 430
	G 365	*FT 395*	*LP 420*
	Annelinblau:		
	BP 355-425	FT 455	LP 460

Kursiv: Zeiss CLM 310 Mikroskop; Standard: Leica DMR Mikroskop

3.5.2 Fixierung biologischen Materials

3.5.2.1 Totalpräparation

Die Untersuchungen zur Entwicklung von *G. bidwellii* an den Sorten 'Chardonnay' und 'Müller-Thurgau' bis 48 Stunden nach Inokulation, wurden mit fixierten Präparaten vorgenommen. Nach Applikation wurden 10 bis 48 Stunden alle 12 Stunden Blattproben mit einem Korkbohrer (Ø 7 mm) entnommen. Diese Blattproben wurde in einer gesättigte

Chloralhydratlösung (250 g 100 ml^{-1} Aqua demin., Sigma-Aldrich, Steinheim) eingelegt. Dadurch wurden die Konidien fixiert und das Blattgewebe fast vollständig entfärbt. Nach 14 Tagen bei Raumtemperatur konnten die Proben mikroskopisch ausgewertet werden.

3.5.3 Keimung auf hydrophoben Oberflächen

Die frühen Entwicklungsstadien, der Einfluss von Temperatur, Licht und Konidiendichte auf *G. bidwellii* wurden an Hand einer Konidiensuspension auf hydrophober Oberfläche untersucht, die aus Polystyrol (C_8H_8) bestand. Die Untersuchungen erfolgten bei Konidiendichten von 1×10^5 bis 20×10^5 Konidien ml^{-1}. Jeweils 10 µl der Konidiensuspension wurden auf eine hydrophobe Oberfläche pepitiert. Danach wurden diese für 24 Stunden bei unterschiedlichen Raumtemperaturen (4 – 40 °C Lufttemperatur) in Klimakammern aufgestellt. Die Entwicklung der Konidien wurde durch die Zugabe von 5 µl Fixierlösung (0,02 % Formaldehyd, 12 % Essigsäure, 50 % Methanol) gestoppt. Die Tropfen wurden ungefärbt unter dem Mikroskop ausgewertet.

3.5.4 Färbetechniken

3.5.4.1 Übersichtsfärbung zum Nachweis von Pilzstrukturen

Für die Visualisierung der Infektionsstrukturen von *G. bidwellii* wurde eine modifizierte Methode nach HOOD und SHEW (1996) und ORTEGA (1999) verwendet. Die ausgestanzten Blattscheiben (7 mm) wurden in dunklen, verschließbaren Gläschen 10 – 14 Tage lang bei Zimmertemperatur in Chloralhydrat entfärbt. Danach wurden sie für 4 Stunden in entionisiertem Wasser gewaschen. Es folgte eine zweimalige Spülung mit 0,067 M K_2HPO_4 Lösung. Die Proben wurden für mindestens 10 Minuten in die Anilinblaulösung (Tab. 5) angefärbt. Entscheidend für ein gutes Ergebnis war, dass alle Lösungen einen pH-Wert von 7 hatten. Die Auswertung der präparierten Reben erfolgte unter dem Fluoreszenzmikroskop.

Tabelle 5: Rezeptur für die Aufbereitung von der Anilinblaulösung

Menge	Substanz
50 mg	Anilinblau (0,05 %)
0,062 M	HK_2PO_4 ($\approx$ 1,167 g)
100 ml	Entionisiertes Wasser

3.5.4.2   Nachweis von Lipiden

Für den Nachweis und die Verteilung von Lipiden in den Konidien während der Keimung wurde der Farbstoff Nile red $C_{20}H_{18}N_2O_2$ (Sigma-Aldrich, Steinheim) verwendet. Nile red färbt intrazelluläre, neutrale Lipidtropfen an (GREENSPAN et al.1985). Der Farbstoff wurde in Ethanol gelöst und dann 1: 10 mit Wasser verdünnt. Auftretende Störstoffe wurden abfiltriert. Die Lagerung erfolgte bei 4 °C in einem braunen Gefäß. Für die Auswertung wurden 10 µl der Lösung dazu gegeben. Anschließend wurden die Proben unter Fluoreszenzlicht ausgewertet.

3.5.4.3   Nachweis von Glykogen

Lugol`s Lösung dient zum Nachweis von Glykogen innerhalb eines pilzlichen Organismus. Es wurde eine 1% (I:K = 1:2) Iod-Kaliumiodidlösung (Diagnostika MERCK, Darmstadt) verwendet. Innerhalb der ersten 48 Stunden der Keimung wurden in einer Zeitreihe die Verteilung der Glykogens am Lichtmikroskop im Hellfeld (DMRB Fotomikroskop Leica, Wetzlar) untersucht. Die Proben wurden, wie in Abbildung 2 an Hand der grünen Linien gekennzeichnet, ausgewertet. Dazu wurden Untersuchungen auf Modelloberflächen durchgeführt und 10 µl der Lösung appliziert.

3.6   Elektronenmikroskopische Untersuchungen

3.6.1   Anfertigung von Semidünnschnitten

Fixierung und Einbettung

Für die Fixierung von Rebenblättern wurden nicht inokulierte und inokulierte Rebenblätter verwendet. Für die Inokulation wurde eine Konidiendichte von 5×10^5 inokuliert. Innerhalb der ersten 3 Wochen wurden Blattstücke mit einem Korkbohrer (7 mm) entnommen und mit einem Skalpell in 1 x 2 mm große Stücke zerteilt, bevor sie nach KARNOVSKY (1965) fixiert wurden. Die Fixierung der Rebenblätter erfolgte in einer Lösung aus 8 % Paraformaldehyd und 8 % Glutaraldehyd in 0,2 M Natriumcacodylat bei einem pH-Wert von 7,3. Die Rebenblätter blieben dort bei Raumtemperatur für ca. 2 ½ Stunden. Es folgte eine fünfmalige Waschung in 0,2 M Nacacodylat-Puffer. Eine weitere Fixierung erfolgte mit Osmiumtetroxid-Fixierlösung nach DALTON (1955) [0,4 % KCr_2O_7 + 3,4 % NaCl + 2,0 % OsO_4 im Verhältnis 1: 1: 3] für eine bessere Elektronenabsorbtion und somit einem besseren Photokontrast. Danach folgte eine achtmalige Waschung in Na-Cacodylat-Puffer. In einer aufsteigenden Ethanol-Reihe von 15 % - 100 % wurden die Proben in jeder Konzentration für 20 Minuten dehydriert. Anschließend wurden die Proben bei 4 °C in eine aufsteigende ERL-

Harz-/Propylenoxid-Reihe (1:3 für 16 Stunden, 1:1 für 8 Stunden, 3:1 für 16 Stunden) überführt. Zum Schluss wurden die Proben in 100 % ERL-Harz in einer Flacheinbettungsschale (Agar Aids Ltd., Stansted, UK) für 8 Stunden bei 70 ° polymerisiert. Diese Einbettung erfolgte nach SPURR (1969) (Tabelle 6).

Tabelle 6: Lösung für die Einbettung von Proben

ERL-Harz (nach SPURR 1969)	10 g ERL 4221D	(Vinylcyclohexandioxid)
	4 g D.E.R. 736	(Diglycidaminoethanol von Polypropylenglycol)
	26 g NAS	(Nonenylscinatanhydrid
	0,4 g S-1	(Dimethylaminoethanol)

<u>Semidünnschnitte</u>

Für die Charakterisierung der pilzlichen Strukturen im Rebengewebe wurden Semidünnschnitte erstellt. Dazu wurden die zuvor eingebetteten Blattscheibchen mit einem 45°-Glasmesser geschnitten und direkt in demineralisierten Wassers suspendiert. Danach wurden die Schnitte in einem Tropfen demineralisiertes Wasser auf einem Glasobjektträger bei 70 °C getrocknet. Mit 0,05 % Toluidinblau (w/v) in 0,01 M Phosphatpuffer (pH 7,4) wurden die Schnitte gefärbt. Das Eintauchen des Objektträgers in demineralisiertem Wasser und Xylol entfernte die überflüssige Farbe. Für einen luftdichten Einschluss der Schnitte sorgte ein Deckgläschen, welches mit einem Tropfen Entellan rapid mounting media (Merck, Darmstadt) verklebt wurde. Anschließend musste das Präparat über Nacht im Exikator trocknen. Die Auswertung erfolgte am Lichtmikroskop (DMRB, Leica, Wetzlar) im Hellfeld.

3.7 Rasterelektronenmikroskopie

Zur Untersuchung der Wirt-Pathogen-Beziehung stand ein Rasterelektronenmikroskop[1] zur Verfügung. Mit diesem konnte die Rebenoberfläche während des Keimungsprozess der Konidie auf der Blattoberfläche genauer untersucht werden.

Die Rasterelektronenmikroskopie wurde mit einem XL30-ESEM-Rasterelektronenmikroskop[1] (FEI-Philips) durchgeführt. Dieses verfügte über ein klassisches Hochvakuum,

---

[1] Mit freundlicher Unterstützung von Herrn Dr. M. Hunsche und Herrn K. Wichterrich, INRES, Abteilung Gartenbau, Universität Bonn

"LowVac und "Environmental" Bereich und einen druckvariablen Bereich von 0,1 bis 10 Torr (ca. 0,13 bis 1,3 k Pa). In einem Bereich von 0,7 Torr im "LowVac" und 4,8/ 5 Torr im Hochvakuum wurden Übersichtsbilder zur Keimung und Interaktion von Pilz und Pflanze erstellt. Ferner wurden mit dem REM Aufnahmen von Läsionen auf Blättern und Stengeln vorgenommen. Dabei entstanden Aufnahmen in einem Bereich von 200 bis 3500 facher Vergrößerung. Die Entnahme der Proben erfolgte mit einem Korkbohrer (1,5 mm). Danach wurden die einzelnen Proben zur Untersuchung in die Vakuumkammer eingefahren. Veränderungen während des Keimungspozesses auf den Sorten 'Chardonnay' und 'Müller-Thurgau' wurden in Bilder dokumentiert. Die Erstellung der Bilder am Monitor erfolgten mit Hilfe des Programms Microsoft Control 5.90.

3.8 Molekularbiologische Untersuchungen

Für eine genetische Identifizierung der fünf Isolate wurden alle an Hand der ITS-Region sequenziert. Dazu wurden die Internal Transcribed Spacers (ITS) mittels PCR amplifiziert und sequenziert. Es wurden Primer ITS1 und ITS4, die sich an 18S und an das 28S Gen anlagern, verwendet[2].

Vorbereitung

Die 5 Isolate wurden auf Haferagar-Platten und in Flüssigkultur (7,2g Potato Dextrose Broth (Difco™) + 300 ml demineralisiertes Wasser + 50 ml Traubensaft) übertragen und für 4 Wochen bei 25 °C in einem Schüttelinkubator zum Wachsen gebracht.

3.8.1 Präparation genomischer DNA aus 5 Isolaten

Das Myzel aus der Flüssigkultur wurde zuerst homogenisiert und dann mit Hilfe einer Pumpe abgefiltert. Von den Agarplatten wurde das Myzel vorsichtig abgenommen. Das Myzel von einem Isolat wurde auf mehrere 1,5 ml Eppendorf – Caps oder bei größeren Mengen in Zentrifugenröhrchen mit Deckel aufgeteilt. Anschließend wurde das Myzel über Nacht bei -80 °C tief gefroren. Am nächsten Tag wurden die Proben für 12 Stunden in der Gefriertrocknungsanlage dehydriert. Die Aufreinigung der DNA erfolgte mit Wzard® Magnetic DNA Purification System for Food (Promega).

---

[2] Die genetische Identifizierung erfolgte mit freundlicher Unterstützung von Carmen Mühlenborn am Institut CAESAR

Wizard® Magnetic DNA Purification System for Food (Promega).
Je 40 mg Myzel kamen in ein 1,5 ml Eppendorf Cap, nacheinander wurden 500 µl Lysepuffer A und 5 µl RNase A dazu pepitiert. Durch Vortexen wurde alles homogenisiert. Durch Zugabe von 25 µl Lyse-Puffer B wurde die DNA aufgeschlossen. Danach inkubierte der Mix bei Raumtemperatur. Nach der Zugabe von 75 µl Fällungslösung wurde erneut homogenisiert. Die Zentrifugation des Mixes erfolgte bei 13 000 xg für 10 Minuten. Anschließend wurde die flüssige Phase abgenommen und in ein neues 2 ml Tube überführt. Durch vorsichtiges invertieren des MagneSil® PMPs wurde das Gemisch homogenisiert. Zu der flüssigen Phase wurde dann 50 µl MagneSil® PMPs hinzu pepitiert. Danach wurden 0,8 Volumen Isopopanol hinzugegeben und invertiert zum Homogenisieren. Es folgten 5 Minuten Inkubation, bevor der Mix in den MagneSphere® Technology Magnetic Sparation Ständer kam. Nach weiteren fünf Minute wurde die flüssige Phase abgenommen. Anschließend wurden die Tubes herausgenommen und mit 250 µl Lyse Puffer B aufgefüllt. Durch 2 -3 maliges invertieren wurde alles durchmischt. Die Tubes wurden für eine Minute wieder in den MagneSphere® Technology Magnetic Separation Ständer gestellt und es wurde die flüssige Phase abgenommen. Anschließend erfolgte eine Waschung des Mix mit 1 ml 70 %-tiger Ethanol, bevor die Flüssigkeit aus den Tubes pepitiert werden konnte. Dieser Waschvorgang wurde 2-mal wiederholt. Im Trockenschrank wurden die Proben bei 65 °C für 10 Minuten getrocknet. Zum Schluss wurden 100 µl steriles, DNA-freies Wasser hinzugefügt und wieder homogenisiert. Bei einer Temperatur von 65 °C erfolgte eine erneute Inkubation für 5 Minuten. Danach kam das Tube wieder in den MagneSphere® Technology Magnetic Sparation Ständer und es wurde vorsichtig die Flüssigkeit abpipetiert. Bis zur weiteren Verwendung wurden die Caps bei -4 °C eingefroren und gelagert.

3.8.2 Multiplikation des genetischen Materials

Die DNA Konzentration wurde mit einem Nano Drop (260/280 nm) gemessen. Die 5 Templates wurden auf 20 ng/ µl DNA für die anschließende PCR verdünnt. Nacheinander kamen 0,5 µl Taq DNA Polymerase (Fermentas, Life Sciences), 1 µl d NTPs, 5 µl Mg Cl_2, 5 µl Puffer mit KCL, 30,9 µl Wasser und 2 µl Template hinzu. Die Primer (Tabelle 7) wurden aus der Stammlösung von 100 pmol auf 10 pmol verdünnt. Danach pipetierte man jeweils 2,8 µl zum Mix hinzu, dadurch ergab sich ein einheitliches Volumen von 50 µl pro Isolat.

Tabelle 7: Übersicht über die verwendeten Primer und deren Sequenzen

Primer	Sequenz
ITS 1F	CTT GGT CAT TTA GAG GAA GTA A
ITS 4R	TCC TCC GCT TAT TGA TAT GC

Die vorbereiteten Eppis wurden in einen My Cycler ™thermal cycler BIO RAD gestellt. Der Thermo Cycler wurde vorgeheizt, sog. Hot Start, damit es beim Aufheizen nicht zu eventuell unerwünschten Zwischenprodukten käme. Das Programm lief wie in Tabelle 7 beschrieben ab. Nachdem die 35 Zyklen beendet waren, wurden die Proben auf 4 °C abgekühlt.

Tabelle 8: PCR Kurzprotokoll

	Zeit [min]	Temperatur [°C]
1. Denaturierung	5	95
2. Zyklus 1-35	0,30	95
	0,30	55
	2	72
3. Elongation	7	72
4. Endtemperatur	∞	4

Für eine Überprüfung der PCR setzte man ein 1 % -tiges Agarose – Gel mit TAE Puffer [2 mol Tris, 5 mol Na-Acetat und 0,5 M EDTA] und 1 -2 μl Ethidiumbromid an. Die Beladung des Gels erfolgte mit 5 x 15 μl Isolat und 3 μl Ladepuffer der Firma Fermentas Life Sciences. Es wurde eine Spannung von 150 mA, was ca. 100 Volt entsprach, für ca. 45 min angelegt. Während das Gel lief wurde erneut die DNA Konzentration gemessen.

QIAquick® PCR Purification Kit Protocol

Das PCR Produkt wurde mit QIAquick® PCR Purifikation Kit Protokoll gereinigt, damit die verbliebenen Enzyme aus der PCR entfernt wurden. Es erfolgte eine Zugabe von 5 Volumen PBI Puffer zu einem Volumen der PCR-Lösung. Die Farbe des Mixes durfte sich nicht ändern. Danach wurde eine QIAquick® Säule in ein vorbereitetes, 2 ml großes Sammeltube gesteckt. Für eine Bindung der DNA erfolgte eine 30 – 60 sekündige Zentrifugation. Die flüssige Phase wurde verworfen. Die Säulen wurden wieder in ein Sammeltube gesteckt. Für eine Reinigung wurden 0,75 ml PE Puffer appliziert und zentrifugiert. Dieser Waschvorgang wiederholte sich noch einmal. Dann wurde die QIAquick® Säule in ein neues 1,5 ml Tube überführt. Um die DNA zu extrahieren wurde 40 µl EB Puffer in die Mitte der Membran gegeben und erneut zentrifugiert. Der Erfolg der DNA Extraktion ist vom pH-Wert abhängig, er sollte zwischen 7 – 8,5 liegen. Bevor der Mix weiterverarbeite werden konnte wurde er im Tube bei – 20 °C eingefroren.

3.8.3 Sequenzierung der ITS-Region

Für die Sequenzierung wurde eine weitere PCR durchgeführt, um die DNA zu amplifizieren. Die Proben kamen in 96 Well Platten und wurden dabei gekühlt. Abhängig von der DNA Konzentration wurden 1 – 2 µl DNA Template hinzu pipetiert. In den Well Platten befanden sich 75 fmol DNA pro Proben. Nacheinander wurden 2 µl Primer (10 pmol / µl) und 6µl Dye Terminator Cycler Sequencing (DTCS) Quick Start Mix (Beckman Coulter ®) hinzugegeben. Die Proben wurden mit DNA freiem Wasser auf 20 µl aufgefüllt. Danach kamen die 96 Well Platten in einen My Cycler ™thermal cycler BIO RAD und das Programm lief wie in Tabelle 8 beschrieben.

Tabelle 9: Kurzprotokoll der PCR zur Amplifikation

	Zeit [min]	Temperatur [°C]
30 Zyklen	0,20	96
	0,20	50
	4,00	60
Endtemperatur	∞	4

Damit eine erfolgreiche Sequenzierung durchgeführt werden konnte, mussten alle störenden Bestandteile, wie Salze, Primer usw. aus der PCR entfernt werden. Dazu wurden Agencourt CleanSEQ Kid von Beckman Coulter ® verwendet. Das CleanSEQ (Beckman) wurde durchmischt, bevor 10 µl in die 96 Well Platten hinzupipetiert wurden. Es wurden 62 µl 85 %-tigen Ethanol hinzu gegeben und durchmischte. Die 96 Well Platten kamen dann für 3 Minuten auf die Magnetplatte. Die nun klare Flüssigkeit wurde verworfen. Nach diesem Schritt pipetierte man 100 µl 85 % Ethanol / Well und inkubierte diese bei Raumtemperatur. Die Ethanollösung wurde verworfen und es wurden 40 µl des Elutionspufers (SLS) hinzugegeben. Das Gemisch wurde bei Raumtemperatur 5 Minuten stehen gelassen. In eine zweite 96 Well-Platte wurde die Flüssigkeit überführt.

Die vorbereiteten Proben in den 96 Well-Platten wurden einzeln mit Mineralöl überschichtet. Danach wurden die Proben in den Beckman Coulter ® „CEQ 880 XL" gestellt. In der

Sequenzreaktion wurden unterschiedliche Fluoreszenzmarkierungen in jede der Kettenabbruchreaktionen eingebracht und alle Ansätze anschließend an einer Kapillare aufgetrennt. Während der Elektrophorese wurden die Produkte an ihrer spezifischen Fluoreszenz erkannt. Die Reihenfolge der Farben, die einen Fluoreszenzdetektor an dem unteren Kapillarende passiert, wurde direkt in die DNA-Sequenz übersetzt. Dazu verfügten die stationären Dioden über zwei Wellenlängen (650 / 750 nm).

3.8.4 Auswertung

Die so gewonnenen Daten wurden in die Datenbank www.ncbi.nlm.nih.gove/BLAST/ zur Identifizierung eingelesen. In der Datenbank von NCBI´s (National Center for Biotechnology Information) sind unter BLAST (Basic Local Alignment Search Tool), bekannte DNA – Sequenzen gespeichert. Mit diesen Daten wurde die DNA verglichen. Vorher wurde noch die „reverse" Sequenz mit Hilfe der Seite www.bioinformatics.org/sms2/rev_comp.html umgedreht und an die „forward" Sequenz angehängt. Die Sequenz wurde in „search" eingespeichert und mit anderen pilzlichen Sequenzen verglichen.

3.9 Erstellung von Risikokarten

Die Daten zu Temperaturansprüche und Dauer der Infektion von *Guignardia bidwellii* wurden Beendigung der Versuche in das Programm DYMEX Simulator 2.0 [CLIMEX v2] eingegeben. Um die möglichen Etablierungsgebiete darzustellen, wurden zusätzlich Karten zu den Anbaugebieten von Weintrauben in ArcGis 9.1. erstellt. Die Kombination beider Kartendarstellungen soll einen Überblick über mögliche Ausbreitungsgebiete ergeben.

3.9.1 CLIMEX

In das Programm CLIMEX wurden die Daten aus den Temperaturversuchen von *Guignardia bidwellii* eingegeben und damit die klimatische Voraussetzung für eine mögliche Etablierung dargestellt. Dabei wurden die Daten aus den Versuchen in Sonnenstunden umgerechnet und als Temperatursumme angegeben. Hohe Luftfeuchtigkeit ist laut Literatur eine Grundvoraussetzung für eine erfolgreiche Infektion und wurde daher als wichtig eingestuft. Diese Werte wurden nicht verändert. Damit auch verschiedene Szenarien der globalen Erwärmung bzw. Klimaveränderung dargestellt werden konnten, wurden zusätzlich zu den zwei schon vorhandenen Datensätzen weitere Szenarien von 2 °C und 5 °C durchschnittlicher Temperaturerhöhung mit in die Berechnung aufgenommen.

3.9.2 ArcGIS

Die Darstellung der Weinbaugebiete innerhalb der EU 25 wurden mit dem Programm ArcGIS 9.1 vorgenommen. Es wurde jede größere Region mit produzierter Menge in Tonnen dargestellt. Die Gebiete in denen messbar, kommerziell Weinbaubetrieben betrieben wurde[3], wurden an Hand von Symbolen gekennzeichnet. Grundlage der Daten waren die Datensätze der FAO. Die Abbildung der Daten erfolgte mit Hilfe von ArcMap. Somit entstanden Karten über die Weinanbaugebiete in Europa. Diese Karten wurden als Basis für potenzielle Gefährdung der Gebiete herangezogen. Auf Grund der geringen Rotation innerhalb von Weinbaulagen wurden diese Werte als fixe Werte für die Karten übernommen.

3.10 Statistische Auswertungen

Die statistische Auswertung erfolgte mit der Software SPSS 14.0 (SPSS inc. Chicago, USA). Alle Daten wurden mit dem Kolmogorov-Smirnov-Anpassungstest auf Normalverteilung und mit dem Levene-Test auf Varianzgleichheit überprüft. Anschließend folgte eine einfaktorielle Varianzanalyse (ANOVA). Unterschiede zwischen zwei Mittelwerten wurden mit dem t-Test, bei mehr als zwei Varianten mit dem Tukey-Test oder Ducane- Test bestimmt. Es wurde eine Irrtumswahrscheinlichkeit von $p < 0,05$ angenommen. Gleiche Buchstaben in den Abbildungen und Tabellen kennzeichnen keine signifikante Unterschiede der Mittelwerte. Alle Labor- und Klimakammerversuche wurden mindestens zweimal durchgeführt. In dieser Arbeit sind Ergebnisse einzelner, repräsentativer Versuche dargestellt.

---

[3] Dank an Dr. G. Spiekermann, der mir die Daten über Regionen aus der FAO in Europa zur Verfügung gestellt hat.

4 Ergebnisse

Weinbaugebiete sind klimatisch begünstigte Anbauregionen, in denen sich wärme liebende Pathogene schnell etablieren können. Der Erreger der Schwarzfäule an Reben, *Guignardia bidwellii*, konnte sich 2003/04 epidemisch in den Weinbauanlagen der Mosel-Saar-Ruwer und Nahe ausbreiten. In der vorliegenden Arbeit wurde der Einfluss der Temperatur auf die Entwicklung von *G. bidwellii* mikroskopisch und makroskopisch untersucht, um die Auswirkungen einer möglichen weltweiten Temperaturerhöhung für das Pathogen darzustellen. Dazu wurden Versuche auf verschiedenen Medien mit 5 verschiedenen Isolaten gemacht und des Weiteren der Einfluss der Temperatur auf Modelloberfläche und an Reben untersucht. Ferner wurde der Einfluss möglicher Sortenunterschiede, an Hand der Sorten 'Chardonnay' und 'Müller-Thurgau' dargestellt. Es wurde das Risikoptenzial des Pilzes für die kommenden Jahrzehnte in Europa bestimmt. Dabei spielten für die Bestimmung der Etablierungsgebiete verschiedene klimatische Bedingungen eine wichtige Rolle.

4.1 genetische Charakterisierung der Isolate mittels ITS-Sequenzierung

Das Pilzmyzel von fünf verschiedenen *Guignardia bidwellii* Isolaten wurde an Hand der Internal Transcribed Spacers (ITS) 1 und ITS 4 mittels PCR amplifiziert und zur Identifikation herangezogen. Diese ITS-Sequenzen liegen zwischen den ribosomalen RNA-Genen 18S, 5,8 S und 28 S und haben keine kodierende Funktion. Die nicht kodierenden ITS-Sequenzen sind für alle Spezies spezifisch und können daher zur Identifikation unbekannter Isolate genutzt werden. Diese Region gibt Hinweise auf die Klassifizierung eines Pilzes. Um die Ergebnisse der PCR sichtbar zu machen, wurde das Produkt auf ein Gel aufgetragen und mit einem Größenstandard laufen gelassen. Das Fragment hatte bei allen Isolaten eine Länge von ca. 700 - 800 bp. (Abb. 6) und war deutlich zu erkennen. Das aufgereinigte PCR-Fragment wurde sequenziert und anschließend mit der NCBI Datenbank verglichen. Die Untersuchungen sollten zeigen, ob das neu isolierte Isolat 5 auch dem Pilz *G. bidwellii* zugeordnet werden konnte.

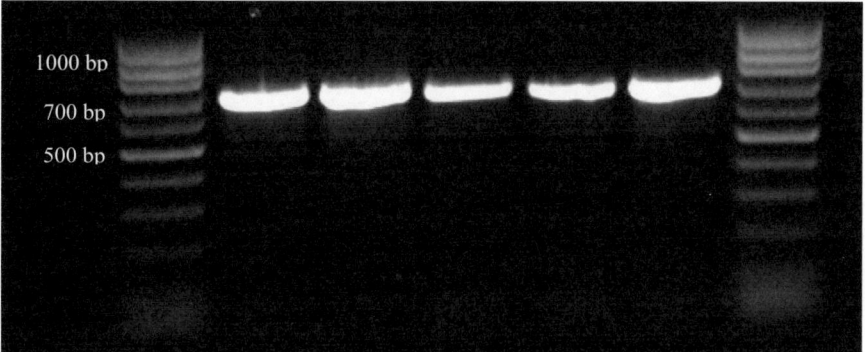

Abbildung 5: Schwarz-Weiß-Fotografie eines mit Ethidiumbromid gefärbtes Agarosegels unter UV-Licht. Bei den einzelnen Banden handelt es sich um die DNA-Fragmente von den 5 *G. bidwellii* Isolaten vor der ITS 1 und ITS 4 Sequenzierung.

Nachdem die Proben sequenziert wurden, ergaben sich unterschiedlich lange Teilfragmente. Die Reihenfolge der Basen sind in Tabelle 10 abgebildet. Die grünen Basenpaare stellen den Anfang der übereinstimmenden Basen dar, sie entsprechen den letzten Basen des eingesetzten Primer. Von dort aus wurden alle Basen verglichen. Die rot markierten Basen sind die Basen, die in dieser Reihenfolge nur in diesem Isolat vorkommen. Die stärksten Abweichungen konnten beim 4. Isolat festgestellt werden. Dieses Isolat stammt von der DSMZ und zeigte insgesamt an acht Stellen unterschiedliche Basen. Die Isolate 1 und 2 wiesen keinerlei Unterschied in dem sequenzierten Stück zu den anderen Isolaten auf. Das neu aufgenommene Isolat 5 zeigte einen Unterschied in seiner Basenzusammensetzung. Um den Pilz weiter zu charakterisieren und zu bestimmen, wurden die Sequenzen mit anderen Pilzisolaten verglichen. Bei diesem Vorgang wurden die vorhandenen Basen mit allen Basen aus der Datenbank (www.ncbi.nlm.nih.gov/blast/Blast.cgi) auf Homologieen untersucht. Es ergab sich eine hohe Übereinstimmung mit *G. bidwellii* – Isolaten, die schon in der Datenbank vorhanden waren. Weitere Übereinstimmungen fanden sich mit anderen *Phyllosticta* – Spezies, die nicht die Hauptfruchtform von *G. bidwellii* waren. Insgesamt konnten beim 4. Isolat vier weitere verwandte Isolate aufgedeckt werden, die zu 100 % übereinstimmten, und bei Isolat 5 waren ebenfalls vier Isolate, bei denen eine 99 %-ige Übereinstimmung beim „Query coverage" gefunden wurde. Auf Grund der unterschiedlichen Leselänge der einzelnen Isolate und der großen ITS Region konnte keine hundertprozentig gültige Aussage nur mittels dieser Region gemacht werden. Dennoch ist die Wahrscheinlichkeit sehr hoch, dass alle fünf Isolate auf Grund der Sequenzierung und dem Abgleich mit der Datenbank. *G. bidwellii* zugeordnet werden können.

Tabelle 10: Vergleich der Basensequenzen aller fünf

Isolate
Nr. Basensequenzen
1   ATCAAGCCGTCCGAAAGAGCCCTTCTCACCCCTGTGTACCTTACCATGTTGCTTTGGC
2   ATCAAGCCGTCCGAAAGAGCCCTTCTCACCCCTGTGTACCTTACCATGTTGCTTTGGC
3   ATCAAGCCGTCCGAAAGAGCCCTTCTCACCCCTGTGTACCTTACCATGTTGCTTTGGC
4   ATCAAGCCGGCCGAAAGAGCCCTTCTCACCCTTGTGTACCTTACCACGTTGCTTTGGC
5   ATCAAGCCGTCCGAACGAGCCCTTCTCACCCCTGTGTACCTTACCATGTTGCTTTGGC

1   GGGCCGACCCGGTTTCGACCCGGGCGGCCGGCGCCCCCAGCCCCTCGCGGGCCAG
2   GGGCCGACCCGGTTTCGACCCGGGCGGCCGGCGCCCCCAGCCCCTCGCGGGCCAG
3   GGGCCGACCCGGTTTCGACCCGGGCGGCCGGCGCCCCCAGCCCCTCGCGGGCCAG
4   GGGCCGACCCGGTTTCGACCCGGGCGGCCGGCGCCCCCAGCCCCC-GCGGGCAG
5   GGGCCGACCCGGTTTCGACCCGGGCGGCCGGCGCCCCCAGCCCCTCGCGGGCCAG

1   GACGCCCGGCCAAGCGCCCGCCAGTATACAAAACTCAAGCGATTATTTCGTGAAG
2   GACGCCCGGCCAAGCGCCCGCCAGTATACAAAACTCAAGCGATTATTTCGTGAAG
3   GACGCCCGGCCAAGCGCCCGCCAGTATACAAAACTCAAGCGATTATTTCGTGAAG
4   GACGTCCGGCCAAGCGCCCGCCAGTATACAAAACTCAAGCGATTATCTTGTGAAG
5   GACGCCCGGCCAAGCGCCCGCCAGTATACAAAACTCAAGCGATTATTTCGTGAAG

1   TCCTGACATATCATTCAATTGATTAAAACTTTCAACAACGGATCTCTTGGTTCTGG
2   TCCTGACATATCATTCAATTGATTAAAACTTTCAACAACGGATCTCTTGGTTCTGG
3   TCCTGACATATCATTCAATTGATTAAAACTTTCAACAACGGATCTCTTGGTTCTGG
4   TCCTGACGCATCATTCAATTGATTAAAACTTTCAACAACGGATCTCTTGGTTCTGG
5   TCCTGACATATCATTCAATTGATTAAAACTTTCAACAACGGATCTCTTGGTTCTGG

1   CATCGATGAAGAACGCAGCGAAATGCGATAAGTAATGTGAATTGCAGAATTCAG
2   CATCGATGAAGAACGCAGCGAAATGCGATAAGTAATGTGAATTGCAGAATTCAG
3   CATCGATGAAGAACGCAGCGAAATGCGATAAGTAATGTGAATTGCAGAATTCAG
4   CATCGATGAAGAACGCAGCGAAATGCGATAAGTAATGTGAATTGCAGAATTCAG
5   CATCGATGAAGAACGCAGCGAAATGCGATAAGTAATGTGAATTGCAGAATTCAG

1   TGAATCATCGAATCTTTGAACGCACATTGCGCCCTCTGGCATTCCGGAGGGCATGC
2   TGAATCATCGAATCTTTGAACGCACATTGCGCCCTCTGGCATTCCGGAGGGCATGC
3   TGAATCATCGAATCTTTGAACGCACATTGCGCCCTCTGGCATTCCGGAGGGCATGC
4   TGAATCATCGAATCTTTGAACGCACATTGCGCCCTCTGGCATTCCGGAGGGCATGC
5   TGAATCATCGAATCTTTGAACGCACATTGCGCCCTCTGGCATTCCGGAGGGCATGC

1   CTGTTCGAGCGTCATTTCAACCCTCAAGCTCTGCTTGGTATTGGGCGACGTCCGCC
2   CTGTTCGAGCGTCATTTCAACCCTCAAGCTCTGCTTGGTATTGGGCGACGTCCGCC
3   CTGTTCGAGCGTCATTTCAACCCTCAAGCTCTGCTTGGTATTGGGCGACGTCCGCC
4   CTGTTCGAGCGTCATTTCAACCCTCAAGCTCTGCTTGGTATTGGGCGACGTCCGCC
5   CTGTTCGAGCGTCATTTCAACCCTCAAGCTCTGCTTGGTATTGGGCGACGTCCGCC

1   GTCGGACGCGCCTCGAAGACCTCGGCGACGGCGTCTCGGCCTCGAGCGTAGTAGT
2   GTCGGACGCGCCTCGAAGACCTCGGCGACGGCGTCTCGGCCTCGAGCGTAGTAGT
3   GTCGGACGCGCCTCGAAGACCTCGGCGACGGCGTCTCGGCCTCGAGCGTAGTAGT
4   GTCGGACGCGCCTCGAAGACCTCGGCGACGGCGTCCCAGCCTCGAGCGTAGTAGT
5   GTCGGACGCGCCTCGAAGACCTCGGCGACGGCGTCTCGGCCTCGAGCGTAGTAGT

4.2 Symptomentwicklung von Isolat 5 auf Reben

Die Entwicklung von *G. bidwellii* an Reben vollzog sich innerhalb von 3 - 4 Wochen. Für die Untersuchungen der Symptome von Isolat 5 wurden Reben der Sorte 'Chardonnay' mit einer Sporenlösung inokuliert. Durch tägliche Kontrollen der Reben wurde jede beginnende Veränderung festgehalten. In der Abbildung 7 ist der Verlauf der Symptome an Hand von Bildern dargestellt. Zum Vergleich ist mit 0 ein gesundes Rebenblatt abgebildet worden. Eine Woche nach Inokulation wurden gelbliche Verfärbungen der Interkostalfelder sichtbar, die Blattrippen traten durch stärkere Grünfärbung hervor (Abb. 7 I, II). Diese unscheinbaren Symptome traten an den jüngeren Blättern auf. 10 Tagen nach Inokulation traten auf den Blattetagen 3 - 5 die ersten grau-braunen Nekrosen auf. Die Befallsstärke der Symptome war unterschiedlich. Entweder war das ganze Blatt (Abb. 7 IV) oder nur die Hälfte eines Blatt (Abb. 7 III) befallen. Aus diesen Flecken entwickelten sich später rotbraune Nekrosen mit einem dunkelbraunen Rand (Abb. 7 V & IV). Weitere zwei Tage später traten die Pyknidien auf dem nekrotischen Gewebe auf (Abb. 7 VII). Aus den Pyknidien quollen unter günstigen Bedingungen die Konidien hervor und es kam zu einer erneuten Infektion. Ab der dritten Woche nach Inokulation fanden sich zunehmend Symptome auf den Rebenstengeln wieder (Abb. 7 VIII). Dieses führte zum Absterben ganzer Blätter.

<u>Symptomverteilung auf den Blattetagen</u>

Die ersten sichtbaren Veränderungen traten 6 Tage nach Inokulation an der 3. Blattetage auf (Abb. 8). Nach weiteren 5 Tagen zeigten die Blattetagen 3, 4 und 5 erste deutliche Symptome von *G. bidwellii*. Am 19. Tag nach Inokulation wurden von der zweiten bis zur fünften Blattetage alle Blätter mit eindeutigen Symptomen überzogen. Das jüngste inokulierte Blatt zeigte ebenso wie die Rebenblätter ab der 6. Blattetage keine Veränderung hinsichtlich möglicher Symptome von *G. bidwellii*. Am stärksten betroffen war die fünfte Blattetage, welches, beim Zeitpunkt der Inokulation, dem jüngste ausgebildete Blatt entsprach. Nach 19 Tagen wiesen fast alle Testpflanzen einen Stengelbefall auf, kurz darauf starben die Blätter der befallenen Triebe ab. Die schnellste Symptomentwicklung fand auf der 2. Blattetage statt. Innerhalb von einer Woche entwickelten sich die typischen Symptome auf dieser Blattetage. Es wurden keine Symptome auf ganz jungen, nicht voll entwickelten, oder alten Rebenblättern bonitiert, wie man auch an der Abbildung 8 ablesen kann.

Abbildung 6: Verteilung der Symptome von *G. bidwellii* (Isolat 5) auf den Blättern innerhalb des bonitierten Zeitraums

- 0 zeigt ein gesundes Blatt
- I & II zeigen erste unspezifische Symptome, Blattaufhellungen, Chlorosen
- III & IV zeigen die ersten typischen Symptome mit ihren grau-braunen Nekrosen,
- V & VI zeigen rotbraune Flecken, nekrotisches Gewebe
- VII zeigt die ersten Pyknidien, schwarze Punkte auf nekrotischem Gewebe mit dunklem Rand
- VIII zeigt den Endbefall mit Symptomen am Stengel.

Ergebnisse

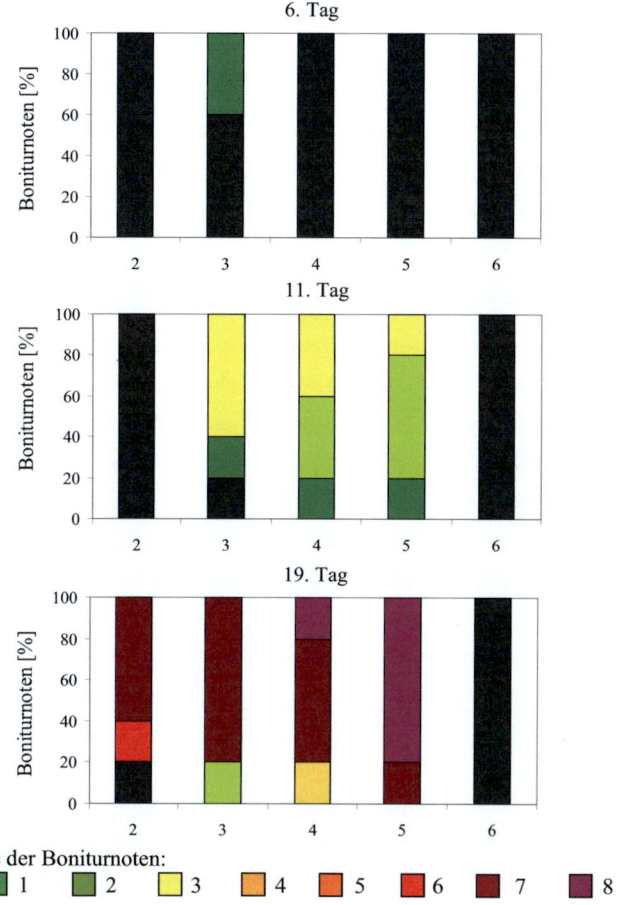

Abbildung 7: Einfluss der Blattetagen auf die Symptomentwicklung von *G. bidwellii* auf Rebenblättern, der Sorte 'Chardonnay' innerhalb der ersten 3 Wochen.

0	kennzeichnet keinen Befall
1 & 2	kennzeichnen die erste unspezifische Symptome, Blattaufhellungen, Chlorosen
3 & 4	kennzeichnen die ersten typischen Symptome mit ihren grau-braunen Nekrosen,
5 & 6	die Flecken gehen in rotbraune Flecken über
7	Pyknidien bilden sich auf den Blättern
8	kennzeichnet den Endbefall mit Symptomen am Stengel.

4.3 Entwicklung von 5 verschiedenen Isolaten von *Guignardia bidwellii* auf künstlichen Medien

Um die fünf Isolate hinsichtlich ihrer Wachstumsbedingungen näher charakterisieren zu können wurde das Wachstum der Isolate auf unterschiedlichen Medien, bei verschiedenen pH-Werten, Temperaturen und Lichtverhältnissen untersucht. Die Eigenschaften wurden mittels radialem Myzelwachstumstest und durch mikroskopische Untersuchungen gemessen und festgehalten.

4.3.1 Radialer Myzelwachstumstest auf verschiedenen Medien

Der Einfluss verschiedener Zusammensetzungen von Medien auf das Wachstum von *G. bidwellii* wurde anhand von fünf unterschiedlichen Medien untersucht. Es wurde Wasseragar, Maisagar, Potato-Dextrose-Agar, Haferagar und Traubensaftagar verwendet und wöchentlich Messungen durchgeführt. Dabei stellte sich heraus, dass je weniger sich das Medium der natürlichen Zusammensetzung der Wirtespflanze ähnelte, desto langsamer war sein Wachstum und desto größere Unterschiede konnten, innerhalb der Isolate, in der Art des Wachstums festgestellt werden (Abb. 9). Die Färbung des Myzels reichte von mausgrau (Abb. 9 H/F) bis zu tiefschwarz (Abb.14 9). Auch im Habitus tauchten Unterschiede auf. Bei Kultur auf Traubensaftagar und Haferagar (Abb 9 E/G/I)war das Myzel kompakt gewachsen, unter dem Einfluss von Mais- und Wasseragar (Abb. 9 C) konnten einzelne Myzelstränge erkannt werden.

In der Abbildung 10 sind die Medien mit den Wachstumsunterschieden dargestellt worden. Maisagar und Wasseragar wurden auf Grund ihres sehr ähnlichen Wachstums gleich gesetzt. Das Isolat 5 wies, bei kaum vorhandenen Nährstoffen im <u>Wasseragar</u> (Abb. 10 A), die stärksten Zuwachsraten auf. Dieses Isolat zeigte schon nach einer Woche signifikant mehr Wachstum als alle anderen vier Isolate. Dieses setzte sich fort bis zur vierten Woche. Ein signifikant langsameres Wachstum zeigte Isolat 2, welches über die vier Wochen die geringsten Zuwachsraten zeigte. Die anderen drei Isolate zeigten ein mittleres Myzelwachstum.

Ein anderes Bild zeigte sich bei dem verwendeten <u>PDA Medium</u> (Abb. 10 B). Bei diesem Medium wuchs das Isolat 3 signifikant besser als die anderen verwendeten Isolate. Erst in der vierten Woche konnten drei der weiteren vier Isolate ein annähernd gleiches radiales Myzelwachstum aufweisen. Dagegen wuchs das Isolat 4 auf dem verwendeten PDA Medium signifikant schlechter. Nach vier Wochen hatte dieses Isolat, im Vergleich zu den anderen Isolaten kaum an Myzelmasse zugenommen.

Ein etwas einheitlicheres Bild zeigte sich bei dem Haferagarmedium (Abb. 10 C). Das Wachstum innerhalb der unterschiedlichen Isolate war eher ausgeglichen. In der ersten Woche zeigten alle Isolate ein Myzelzuwachs zwischen 1,3 cm und 2 cm. Dieses steigerte sich nach vier Wochen auf 6 – 8 cm je nach Isolat. Dabei zeigt das Isolat 4 das signifikant stärkste Wachstum, danach folgten die Isolate 1, 3 und 5. Das Isolat 2 zeigte das geringste Wachstum.

Das gleichmäßigste Wuchsbild ergab sich bei dem verwendeten Traubensaftagar (Abb. 10 D). In der ersten Woche konnte man zwei signifikante Gruppen feststellen. Die erste Gruppe umfasste die Isolate 1 und 2, die ein schwächeres Wachstum zeigten; die zweite Gruppe bestand aus den Isolaten 2, 3 und 5, die ein signifikant besseres radiales Myzelwachstum aufwiesen. Nach der zweiten Woche wies nur noch das vierte Isolat ein schwächeres Wachstum auf, zwischen den anderen Isolaten konnte kein signifikanter Unterschied mehr im Bezug auf das Wachstum festgestellt werden. Nach der dritten Woche waren fast alle Platten mit Myzel überzogen und es zeigten sich keine signifikanten Unterschiede innerhalb der unterschiedlichen Isolate. Dieser Trend setzte sich bis zur vierten Woche fort. Alle Platten waren bis zum Rand mit Myzel überzogen (Abb.10 E). Auf dem verwendeten Traubensaftagar wuchsen alle 5 verwendeten Isolate besonders gut. Die größten Unterschiede, im Wachstum bei den Isolaten, wurden bei Wasseragar und PDA-Agar festgestellt. Dort reagierten die Isolate unterschiedlich auf das vorhandene Nährstoffangebot. Man konnte jedoch feststellen, dass nie die gleichen Isolate auf den unterschiedlichen Medien eine abweichende Reaktion zeigten.

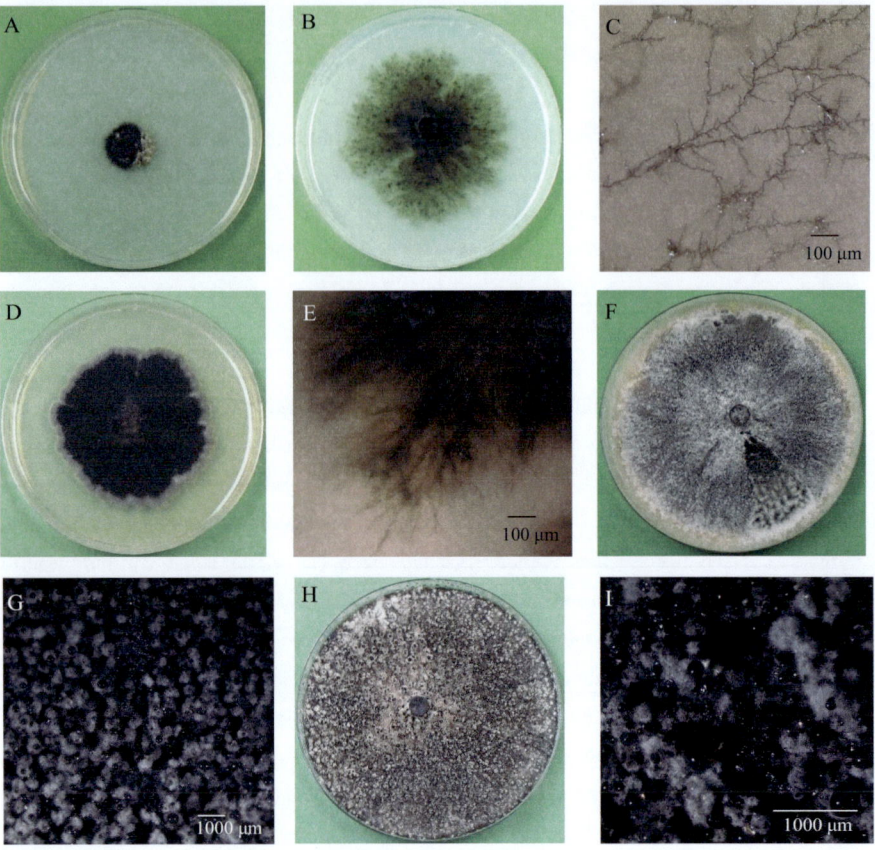

Abbildung 8: Einfluss verschiedener Medien auf das Wuchsbild von *Guignardia bidwellii*.

   A: Myzelwachstum auf Wachstum auf Wasseragar
   B: Myzelwachstum auf Maisagar
   C: Steriomikroskopische Aufnahme des Myzelwachstums auf Maisagar
   D: Myzelwachstum auf PDA
   E: Steriomikroskopische Aufnahme des Myzelwachstums auf PDA Medium
   F: Myzelwachstum auf Haferagar
   G: Steriomikroskopische Aufnahme des Myzelwachstums auf Haferagar
   H: Myzelwachstum auf Traubensaftagar
    I: Steriomikroskopische Aufnahme des Myzelwachstums auf Traubensaftagar

Ergebnisse

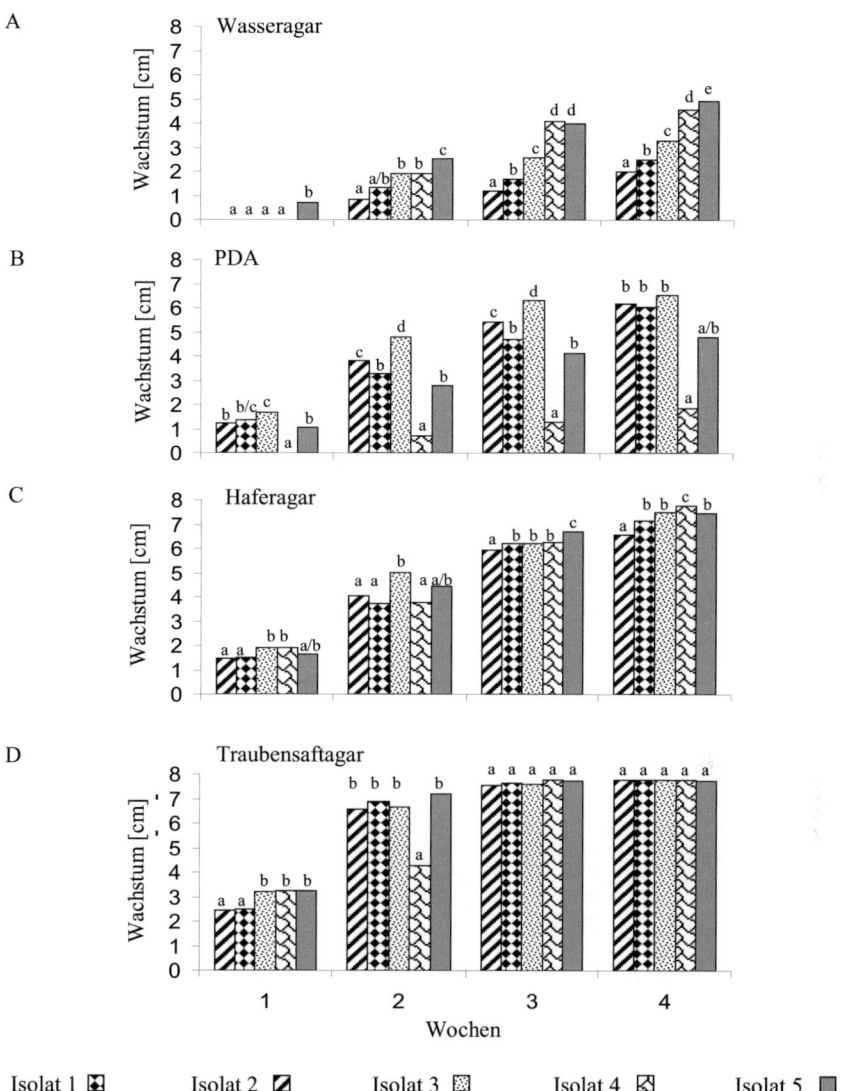

Abbildung 9: Einfluss von unterschiedlich zusammengesetzten Medien auf das Wachstum der Isolate 1- 5 von *Guignardia bidwellii* innerhalb von vier Wochen. (n = 5; p = 0,05), (Gleiche Buchstaben innerhalb einer Woche geben an, dass keine signifikanten Unterschiede bestehen, Ducan - Test.)

4.3.1.1 Eindringung des Pilzes in unterschiedliche Medien

Das Wachstum der Isolate ins Medium hing wesentlich von der Zusammensetzung des Mediums ab. Vergleichend wurden in Abbildung 11, drei der untersuchten Medien graphisch dargestellt. Die Untersuchungen wurden mit dem 5. Isolat durchgeführt. Es wurden an unterschiedlichen Stellen Proben entnommen und ausgemessen. Die Dicke wurde von altem (Anfang), mittel altem (Mitte) und jungem Myzel (Ende) untersucht. In der Traubensaft-Variante ist deutlich zu erkennen, dass das Myzel mit zunehmendem Alter immer weiter ins Medium eindrang. Älteres Myzel besiedelte deutlich mehr den Agar als jüngeres Myzel. Der Grad der Eindringung nahm stetig ab, je jünger das Myzel wurde. Beim verwendeten PDA-Agar konnten keine signifikanten Unterschiede zwischen altem und mittlerem Pilzmyzel festgestellt werden. Der einzig signifikante Unterschied ergab sich bei jungem Myzel, was weniger in das Medium eindrang (Abb. 11). Keine Unterschiede hinsichtlich des Wachsens des Myzels im Medium konnte beim Maisagar festgestellt werden, weil dort das Medium ganz mit Myzel durchzogen wurde. In jeder Altersstufe konnte im gesamten Medium Pilzmyzel mikroskopisch nachgewiesen werden. Bei den anderen Medien ist das Wachstum eher oberflächlich, bei Maisagar wuchs das Myzel in die Tiefe, bevor es sich oberflächlich ausbreitete.

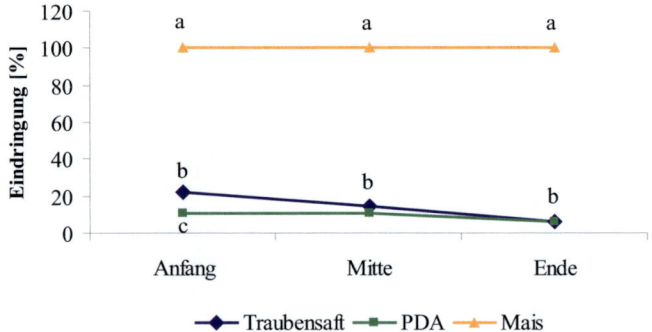

Abbildung 10: Einfluss der Medien auf die Eindringung des Myzels in den Agar. Der Anfang des Myzels ist der Bereich um das Impfstück und das Ende sind die Ausläufer des Pilzemyzels. (n = 20; p = 0,05) (Gleiche Buchstaben innerhalb eines Messpunktes geben an, dass keine signifikanten Unterschiede bestehen, Tukey - Test.)

Betrachtet man das Wachstum in den verschiedenen Medien, konnte man mikroskopisch Unterschiede in der Morphologie feststellen. Die Isolate unterschieden sich nicht beim Wachstum im Medium, es tauchten nur Unterschiede bei unterschiedlichen Medien auf. An verschiedenen Stellen im Medium wurden Proben entnommen und unter dem Lichtmikroskop bei 100-facher Vergrößerung untersucht. Dabei stellte sich heraus, dass älteres Myzel stärker melanisiert war (Abb. 12 A; C; E) als jüngeres Myzel (Abb. 12 B; D; F). Das Myzel ist braun gefärbt und in den Myzelsträngen befanden sich verschiedene kugelförmige Speicherstoffe, die weiter transportiert wurden. Bei den untersuchten Medien unterschieden sich die Grade der Melanisierung, dabei spielte das Isolat keine Rolle. Verhältnismäßig viel Melanin wurde bei den Medien Mais- und Wasseragar gebildet (Abb. 12 A; E; F), während bei PDA das Myzel nur teilweise und bei Traubensaftagar (Abb. 12 C; G; H) kaum melanisiert war. Bei PDA war das Melanin nur vereinzelt in den Myzelsträngen eingelagert. Darüber hinaus wies das Myzel im Habitus beim Traubensaftagar eine Besonderheit auf. Bei näherer Betrachtung der Struktur von einzelnen Stränge, konnte man beobachten, dass die Zellen länglich waren, während bei den anderen Medien das Myzel wie Perlschnüre aussah. Das heißt, die Zellen waren kugelförmig und nicht gestreckt. Das Myzel wuchs mehr übereinander und leicht verkrümmt und nicht wie beim Traubensaftagar in langen Bahnen, die mehrheitlich parallel zu einander verliefen.

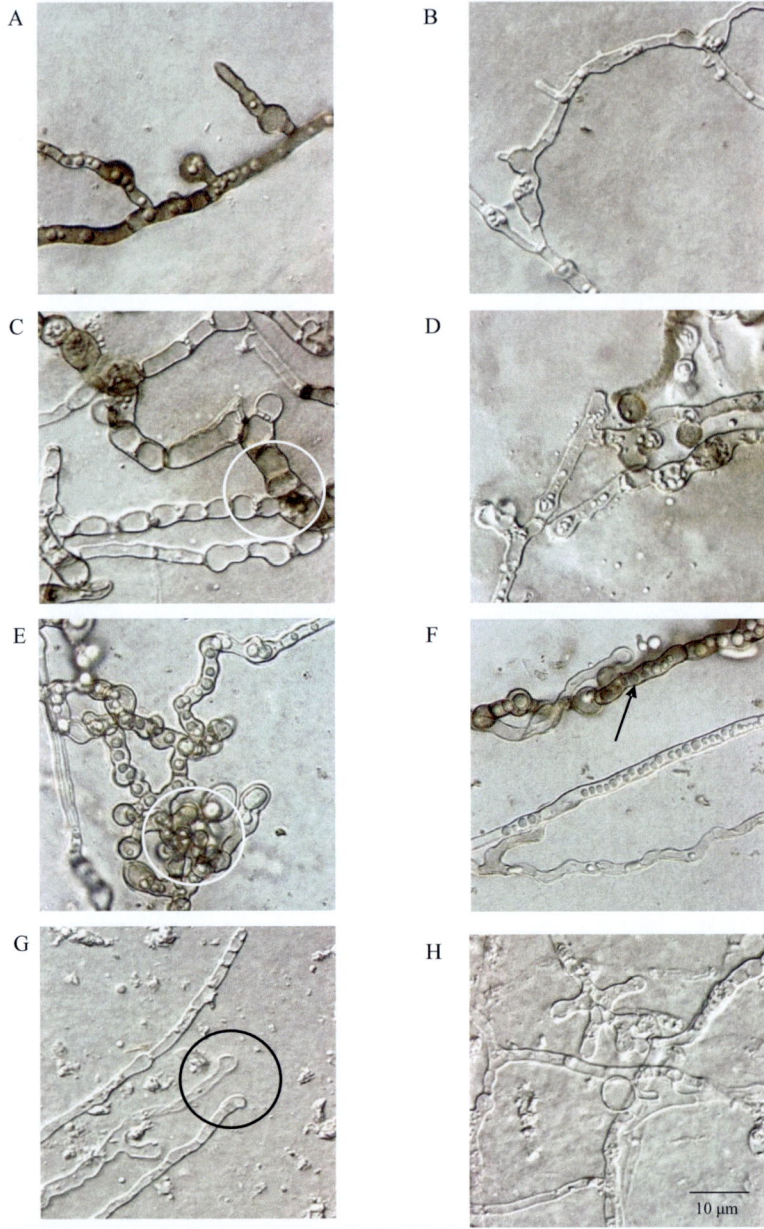

Abbildung 11: Einfluss des Alters und der Medien auf das Wachstum von Isolat 5 in unterschiedlichen Medien A: Maisagar = alt; B: Maisagar = jung; C: PDA =alt; D: PDA =jung; E: Wasseragar = alt; F: Wasseragar =jung; G: Traubensaftagar = alt, H: Traubensaftagar = jung. Kreise und Pfeile weisen auf markante Stellen hin.

4.3.2 Einfluss unterschiedlicher pH-Werte eines Mediums auf das Myzelwachstum

Für die Untersuchung zum Einfluss des pH-Wert auf die Wachstumsgeschwindigkeit der verschiedenen Isolate (Abb. 13). wurde Traubensaftagar verwendet, da auf diesem Agar das Wachstum am besten war. Die pH-Werte wurden auf 4, 5, 6 und 7 eingestellt. Es wurden auch Versuche mit pH-Werten von 3 und 8 durchgeführt. Diese konnten jedoch nicht ausgewertet werden, da bei einem pH-Wert von 8 die Kontamination durch andere Pilze zu schnell und hoch war. Vor allem breiteten sich *Penicillium sp.*, *Alternaria sp.* und Bakterien auf den Platten aus, so dass eine Auswertung nicht mehr möglich war. Ebenso lieferten die Auswertungen von pH-Wert 3 nicht verwertbare Ergebnisse. Letztlich wurden die Versuche bei vier verschiednen pH-Werten durchgeführt, ausgewertet und in der Abbildung 13 dargestellt.

In der ersten Woche zeigte sich, dass es kaum einen Unterschiede im radialen Myzelwachstum bei pH-Werten von 6 und 7 ergaben; wurde der pH-Wert abgesenkt, so nahm das Wachstum zu. Das signifikant stärkste Wachstum konnte bei einem pH-Wert von 4 festgestellt werden. Ein Trend der sich über die zweite und dritte Woche bestätigte. Die Isolate zeigten dabei große Ähnlichkeiten in ihrem Wachstumsverhalten. Alle fünf Isolate wuchsen bei einem pH-Wert von 4 am besten und zeigten bei ansteigendem pH-Wert vermindertes, radiales Myzelwachstum. Zwei Ausnahmen zeigten sich bei den Isolaten 2 und 5. Dort nahm das Wachstum mit zunehmenden pH-Wert ab, bei einem neutralen pH-Wert zeigten sich Tendenzen zu einer Zunahme im Wachstum. Auch das Isolat 4 zeigte nach der dritten Woche kein eindeutiges Bild. In den ersten beiden Wochen war auch hier der Trend für ein besseres Wachstum hin zu niedrigeren pH-Werten, nach der dritten Woche aber konnte nur noch zwischen dem pH-Wert 4 und 7 eine eindeutige Signifikanz festgestellt werden. Im Großen und Ganzen bestätigt sich aber der Trend zum niedrigen pH-Wert bei Traubensaftagar für ein schnelles Wachstum von *Guignardia bidwellii*. Der pH-Wert von 4 kommt dem natürlichen pH-Wert von Trauben sehr nahe, denn dieser liegt bei 3,5 – 3,8 je nach Reifegrad der Trauben.

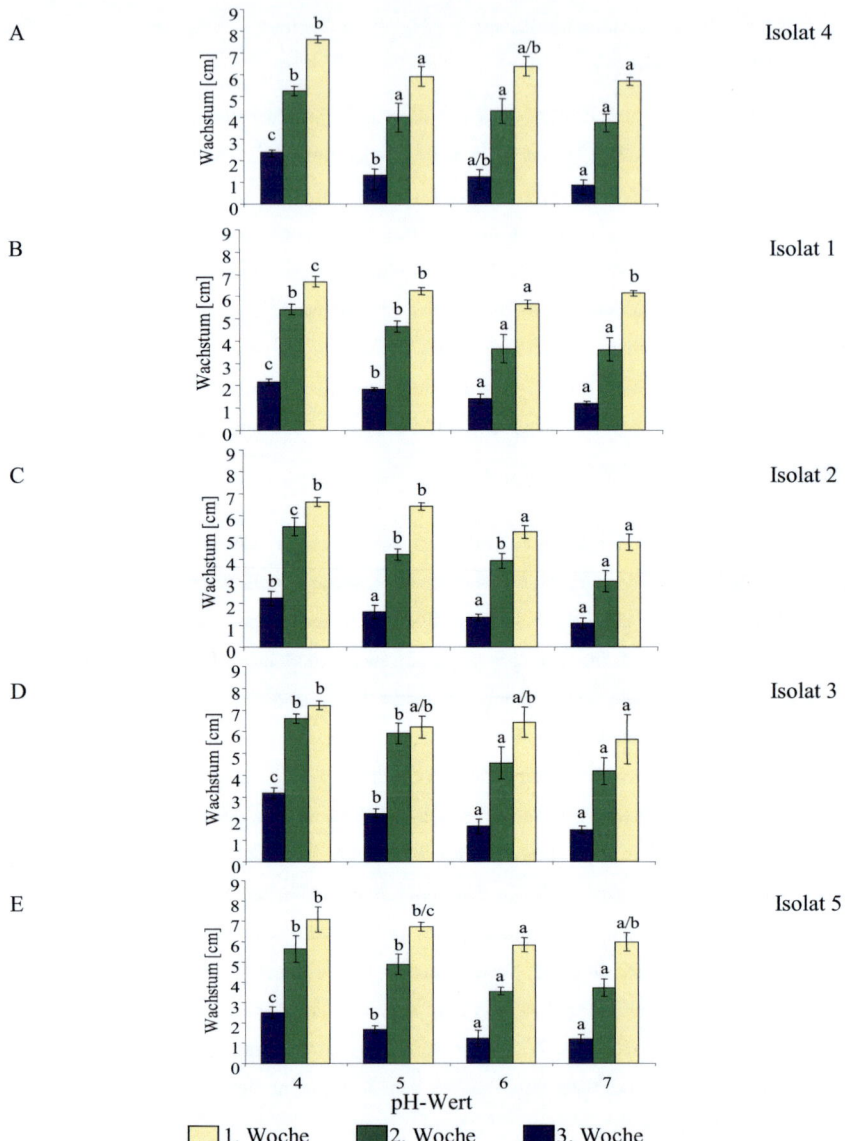

Abbildung 12: Einfluss des pH-Wertes auf das radiale Myzelwachstum bei 5 *G. bidwellii* Isolaten (Gleiche Buchstaben innerhalb einer Woche geben an, dass keine signifikanten Unterschiede bestehen, Tukey – Test, n = 5; p =0,05).

4.3.3 Temperatur

Für den Myzelwachstumstest wurden zwei unterschiedliche Medien verwendet, PDA und Maisagar. Die Messungen erfolgten wöchentlich in einem Zeitraum von drei Wochen. Das Aufstellen der Platten erfolgte in Klimakammern bei 15 – 35 °C. In der ersten Woche des Myzelwachstumstests konnte kein radiales Wachstum bei der höchsten Temperatur gemessen werden (Abb. 14 A). Es gab einen Anstieg in dem Wachstum zwischen 15 – 25 °C, wobei bei dem verwendeten PDA Medium das optimale Wachstum bei 25 °C endete. Hingegen konnten bei dem Maisagar keine signifikanten Unterschiede im Temperaturbereich von 20 – 30 °C festgestellt werden. Das Wachstum auf beiden verwendeten Medien blieb unter einem Zentimeter. Der Pilz wuchs auf PDA etwas schneller. Der tiefste und der höchste Temperaturwert führten bei beiden Medien zu einem verminderten bzw. zu gar keinem Wachstum. Dieses Bild veränderte sich mit zunehmender Zeit.

In der zweiten Woche verdoppelte sich das radiale Wachstum und der Pilz wuchs auf dem Maisagar schneller (Abb. 14 B). Der Pilz auf dem Maisagar hatte sein optimales Wachstum bei 20 – 25 °C, hingegen verschob sich das Optimum vom PDA Medium hin zu 25 – 30 °C, also zu der 5 °C höheren Temperatur. Wie schon in der ersten Woche bei beiden verwendeten Medien zu sehen war, gab es bei der höchsten Temperatur kaum oder kein Wachstum mehr. Bei der Temperatur um 15 °C gab es ein Wachstum von 1 – 1,5 cm, damit lag es höher, als bei vergleichbaren höchsten Temperatur von 35 °C, aber dennoch war es signifikant schlechter, als bei den optimalen Temperaturen von 20 – 30 °C.

In der dritten Woche verschärfte sich das Bild und es wurden Unterschiede bei den beiden Medien deutlicher (Abb. 14 C). Beide Medien hatten ein maximales Myzelwachstum bei 35 °C, aber beim verwendeten PDA Medium gab es einen fast linearen Anstieg in der Wachstumszunahme bis 30°C. Dort hatte der Pilz sein signifikant stärkstes Wachstum. Beim verwendeten Maisagar konnte keine optimale Temperatur gemessen werden, das optimale Wachstum verteilt sich über drei Temperaturstufen von 15 – 25 °C. Zwischen diesen Temperaturen konnte kein signifikanter Unterschied berechnet werden. Das schlechteste Wachstum war über den gemessenen Zeitraum bei der höchsten Temperatur zu finden. Es fand ein maximales Wachstum von einem Zentimeter statt. Bei den verwendeten Medien unterschied sich das optimale Wachstum voneinander. PDA Platten hatten das stärkste Wachstum bei 30 °C, bei Maisagar gab es ein Temperaturintervall bei dem das Wachstum signifikant höher war.

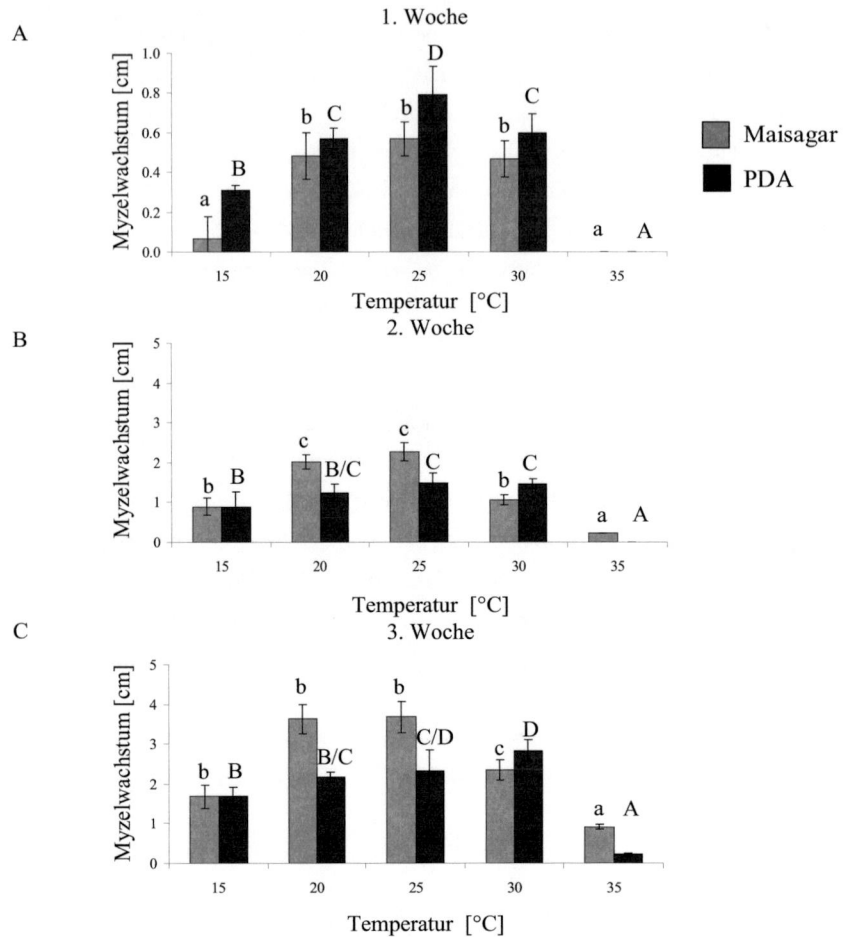

Abbildung 13: Einfluss der Temperatur auf das radiale Myzelwachstum bei *Guignardia bidwellii* auf Medien. Die Messung erfolgte wöchentlich über drei Wochen. (Gleiche Buchstaben bedeuten keine statistische Signifikanz zwischen den Varianten, n = 4; p= 0,05; Tukey-Test)

4.3.4 Licht

Das Myzelwachstum auf den Medien unterschied sich bei Licht und Dunkelheit. In Dunkelheit war das radiale Myzelwachstum bei Maisagar und bei PDA stärker ausgebildet, als bei den Platten die unter Lichteinfluss gewachsen sind. Nach einer Woche war bei beiden verwendeten Medien in Dunkelheit ein Wachstum von mehr als 1 cm zu messen, hingegen fiel das Wachstum unter Lichteinfluss deutlich geringer aus. Im Messzeitraum wurde das stärkste Wachstum bei dem verwendeten Maisagar festgestellt. Das Myzel wuchs im Agar, während bei PDA das Wachstum auf der Oberfläche stattfand. Bei beiden verwendeten Medien waren die Unterschiede, hinsichtlich des Myzelwachstums, zwischen Licht und Dunkelheit signifikant. Es gab einen Einfluss von Licht auf das Wachstum von *Guignardia bidwellii* auf den Medien. Der Pilz wuchs ohne Lichteinfluss besser, als unter Lichtbedingungen (Abb. 15) unabhängig vom verwendeten Medium. Nach drei Wochen wurde der Versuch beendet, da es von außen zu vermehrten Kontaminationen durch Bakterien und andere Pilze kam.

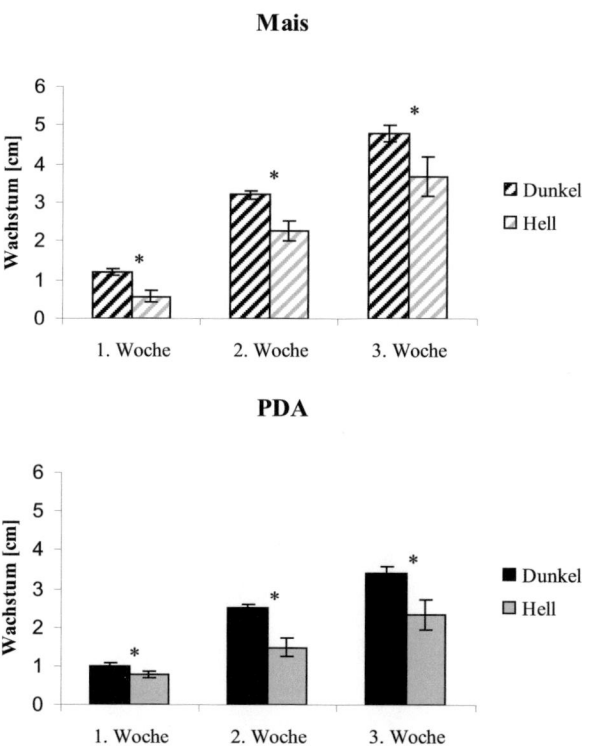

Abbildung 14: Einfluss des Lichts auf das radiale Wachstum von *G. bidwellii* auf den Medien PDA und Maisagar. (* kennzeichnet signifikante Unterschiede in einer Woche nach t-Test bei $p < 0{,}05$, n = 6).

4.4 Einfluss abiotischer Faktoren, Licht und Temperatur, auf die Entwicklung von *Guignardia bidwellii* an Reben

Um zu untersuchen, ob Licht einen Einfluss auf die Entwicklung von *G. bidwellii* hat, wurden 24 Stunden nach Punktapplikation auf Polysteren Keimrate, Keimschlauchwachstum und Appressorienbildung erfasst. Ferner wurden Versuche zu Temperatur und Lichteinflüssen an Reben durchgeführt. Eine Bonitur der Reben erfolgte 11, 15, 19 und 22 Tage nach Inokulation. Dabei stand die Hälfte der Pflanzen für 72 Stunden in einer lichtundurchlässigen Kiste, um die Keimung bei Dunkelheit zu simulieren. Nach 48 Stunden hatten die meisten vitalen Konidien einen Keimschlauch gebildet oder versuchten über ein Appressorien in die Oberfläche einzudringen.

Für den Versuch auf Pflanzen wurden die Reben inokuliert und dann in zwei Gruppen aufgeteilt. Eine Gruppe wurde unter Lichteinfluss für 24 Stunden, die andere Gruppe wurde unter Dunkelheit inkubiert. Nach 72 Stunden kamen die in Dunkelheit stehenden Pflanzen wieder ins Licht, um die Reben nicht durch den Lichtentzug zu schwächen. Der Einfluss des Lichts bei der Keimung der Konidien auf der Pflanze konnte statistisch nicht bewiesen werden. Es konnte nach einer Inokulation der Rebenpflanzen kein verminderter Befall unter Lichtbedingungen oder unter Lichtentzug festgestellt werden. Nach etwa drei Wochen zeigten beide getesteten Varianten einen fast gleichen Befallsverlauf. Die Reben beider Varianten zeigten zuerst eine schwache Symptomentwicklung. Nach 19 Tagen steigerte sich der Befall, die Kurve zeigte einen steilen Anstieg bis zum 22. Tag (Abb. 16).

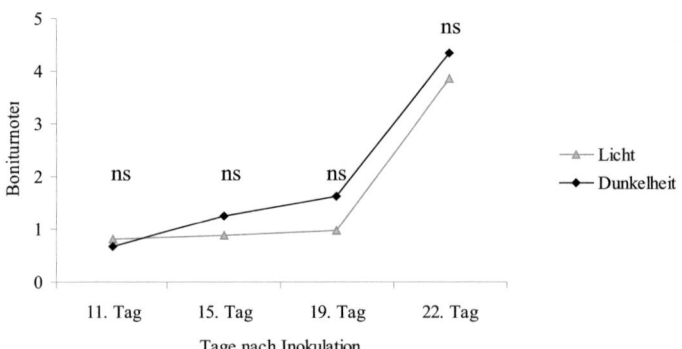

Abbildung 15: Einfluss von Dunkelheit und Licht auf die Entwicklung von *G. bidwellii* bei Reben. Es konnte kein signifikanter Unterschied zwischen den Varianten festgestellt werden. (n = 10, p= 0,05, t-Test)

4.4.1 Keimung

Die Keimung wurde zwecks besserer Auswertungsmöglichkeiten der Konidien auf Modelloberflächen (PE) durchgeführt. Versuche, die Konidien auf Glas auskeimen zu lassen schlugen fehl, da sie auf der Oberfläche nicht haften blieben. Untersucht wurde die Keimung auf der Modelloberfläche bei Licht und Dunkelheit, dabei konnte man feststellen, dass sich diese Varianten kaum voneinander unterschieden (Abb. 17). Mit Hilfe des Mikroskops wurden die Konidien auf der Modelloberfläche ausgezählt. Alle Konidien die einen Keimschlauch hatten, der länger als die Konidie im Durchschnitt war, galten als gekeimt. In der Abbildung 17 A sind die absoluten Zahlen dargestellt. Um die Werte miteinander vergleichen zu können wurden die Werte in Prozent umgerechnet, diese sind in Abbildung 17 B dargestellt. Nach 24 Stunden sind 20 – 30 % der Konidien gekeimt. Der größere Teil der ausgezählten Konidien war zu diesem Zeitpunkt noch nicht bei der Keimung. Unter Lichteinfluss konnte man eine bessere Keimung feststellen, diese konnte aber statistisch nicht abgesichert werden.

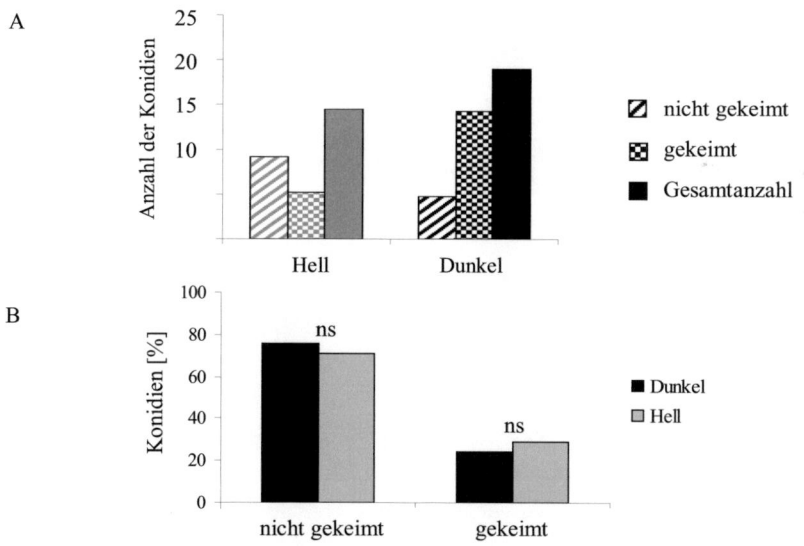

Abbildung 16: Einfluss von Dunkelheit und Licht auf die Keimrate von *Guignardia bidwellii* unter Verwendung einer Modelloberfläche. Die Messung erfolgte 24 Stunden nach Inokulation. A: Anzahl der Konidien die unter Dunkelheit oder Lichteinfluss gekeimt sind; B: Anteil der Konidien in % die gekeimt oder nicht gekeimt sind unter Dunkelheit und Lichteinfluss. (t-Test, n = 4, p=0,05)

4.4.2 Keimschlauchwachstum

Um die weitere Entwicklung der Konidien unter Einfluss von Licht genauer zu charakterisieren, wurde die Länge der Keimschläuche gemessen. Des Weiteren wurde unterschieden, ob die Keimschläuche ein Eindringungsorgan bildeten. Diese Werte wurden in Abbildung 18 dargestellt. In Abwesenheit von Licht wurden kürzere Keimschläuche gebildet. Im Schnitt waren die Keimschläuche unter Lichteinfluss um 12 µm länger, als in der Dunkelvariante. Ein anderes Bild ergab sich, wenn man die Länge der Keimschläuche mit Appressorienbildung näher betrachtete. In beiden Varianten (Licht/ Dunkel) sind die Keimschläuche mit Appressorien bis zu 20 µm kürzer. Die kürzesten Keimschläuche wurden mit Appressorien und Licht gebildet. Danach folgen die Keimschläuche mit Appressorien ohne Licht (Abb. 18). Festzuhalten bleibt, dass die längsten Keimschläuche unter Einfluss von Licht und ohne Appressorien gebildet wurden. Die kürzesten Keimschläuche fand man bei denen mit Lichteinfluss und Appressorien.

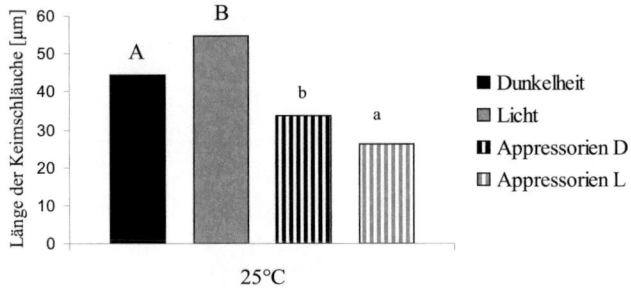

Abbildung 17: Einfluss des Lichts auf das Wachstum der Keimschläuche bei *Guignardia bidwellii* auf Modelloberfläche. Die Messung erfolgte 24 Stunden nach Inokulation, D = Dunkel und L = Licht. (Gleiche Buchstaben bedeuten keine statistischen Signifikanz, n = 4; p= 0,05; Duncan-Test)

4.4.3 Appressorienbildung

Über Appressorien dringt der Pilz in eine Oberfläche ein. Dieses ist eine wichtige Voraussetzung für eine erfolgreiche Infektion des Pilzes. In der Abbildung 19 ist die Appressorienbildung unter Licht und in Dunkelheit dargestellt. Es gibt einen signifikanten Unterschied, ob Licht anwesend ist oder nicht. Unter Einfluss von Licht wurden mehr als doppelt so viele Eindringungsorgane auf polysterener Oberfläche gebildet. Die Zahlen schwanken dabei von 14 % gebildete Appressorien mit Licht bis zu 2 % gebildete Appressorien ohne Licht. Im Mittel wurden bei 8 % der ausgezählten Konidien unter

Lichteinfluss Appressorien gebildet, ohne Licht ergab sich ein Mittelwert von 3 %. In diesem Fall hatte das Licht einen positiven Einfluss auf die Ausbildung von Appressorien (Abb. 19).

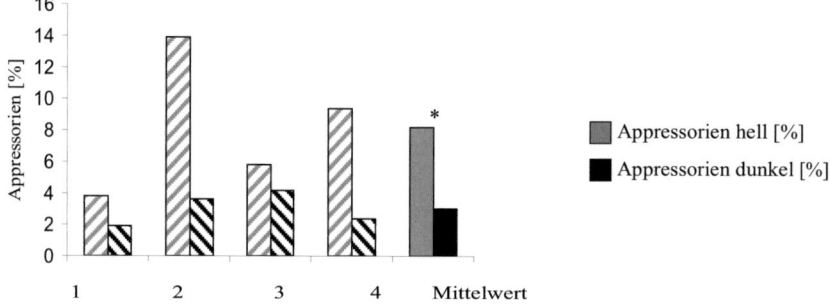

Abbildung 18: Einfluss des Lichts auf die Bildung von Appressorien bei *Guignardia bidwellii* auf einer Modelloberfläche. Die Messung erfolgte 24 Stunden nach Inokulation. (* kennzeichnet signifikante Unterschiede nach t-Test bei p < 0,05, n = 4).

4.4.4 Temperatur

Um den Einfluss der Temperatur messen zu können, wurden Versuche in einem Temperaturbereich von 4 – 40°C auf einer polysterenen Modelloberfläche gemacht (Abb. 20). Die Wahl der Temperatur wurde so vorgenommen, dass die Grenzwerte die Werte darstellten, bei der die Keimung gegen Null ging. Bei 4°C konnte unter dem Mikroskop keine Keimung festgestellt werden. Die geringste Keimungstätigkeit, unter 5%, wiesen die Temperaturen 4, 8 und 40 °C auf. Diese drei Werte waren signifikant die schlechtesten Werte für eine Keimung. Danach folgten die Temperaturen 15, 20, 25 und 35 °C. Die mit Abstand beste Keimung konnte bei einer Temperatur von 30 °C erreicht werden. Höhere und auch tiefere Temperaturen reduzierten die Keimrate signifikant.

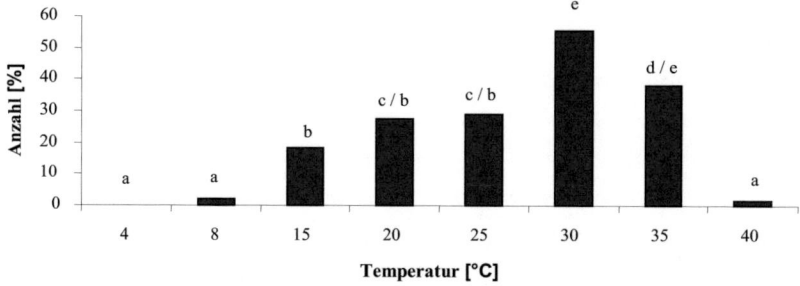

Abbildung 19: Einfluss der Temperatur auf die Keimung bei *Guignardia bidwellii* auf Modelloberfläche. Die Messung erfolgte 24 Stunden nach Inokulation. (Gleiche Buchstaben bedeuten keine statistischen Signifikanz zwischen den Varianten, n = 4; p= 0,05; Tukey-Test)

4.4.4.1 Keimschlauchwachstum der Konidien

Die Länge der Keimschläuche wurde 24 Stunden nach Inokulation bei den Temperaturen 15 - 35 °C gemessen (Abb. 21), bei dem Werten 4 °C wurde keine Keimung gemessen. Bei Temperaturen von 8 und 40 °C kam es zu einer Keimung der Konidien, allerdings befand sich die Keimung in einem sehr frühen Stadium, sodass keine Keimschlauchlängen gemessen werden. Ein messbares Keimschlauchwachstum konnte bei den Temperaturen zwischen 15 °C und 35 °C festgestellt werden. Die Messung ergab, dass im Temperaturbereich von 15 und 20 °C die Keimschläuche 3 und 5 µm lang waren, damit entsprachen sie knapp dem Durchmesser eine Konidie. Ein starker Anstieg zeigte sich bei einer Temperatur von 25 °C, die Länge verdreifachte sich und ereichte Werte von bis zu 15 µm. Die längsten Keimschläuche wurden bei 30 °C gemessen. Bei dieser Temperatur wurden Längen von knapp 20 µm erreicht. Es konnte kein signifikanter Unterschied zwischen den beiden höchsten Temperaturen festgestellt werden.

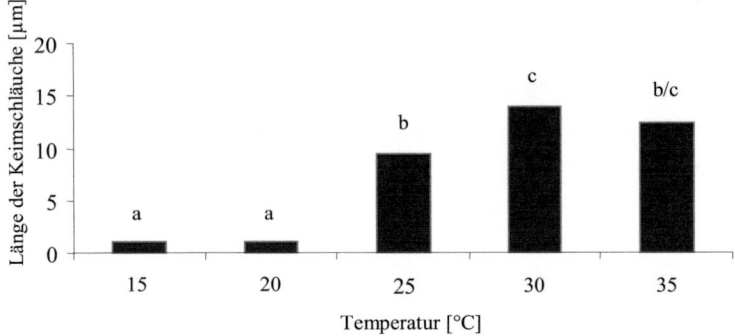

Abbildung 20: Einfluss der Temperatur auf das Keimschlauchwachstum bei *Guignardia bidwellii* auf Modelloberfläche. Die Messung erfolgte 24 Stunden nach Inokulation. (Gleiche Buchstaben bedeuten keine statistischen Signifikanz zwischen den Varianten, n = 4; p= 0,05; Tukey-Test)

Im Vergleich zu der Keimschlauchlänge ist in Abbildung 22 die Bildung der Appressorien unter Temperatureinfluss dargestellt. Eine geringe Appressorienbildung ist bei der höchsten und bei der tiefsten Temperatur festzustellen. Die Werte lagen bei ca. 2 %. Zwischen diesen Temperaturen konnte statistisch kein Unterschied berechnet werden. Mit zunehmender Temperatur wurden auch vermehrt Appressorien gebildet. Nach 24 Stunden und einer Temperatur von 25 °C wurden auf der Modelloberfläche die meisten Appressorien gebildet. Es wurden bis zu 14 % Appressorien gezählt. Doch schon bei 30 °C nahm die Anzahl der Appressorien wieder ab. Die optimale Appressorienbildung fand bei 25 °C statt.

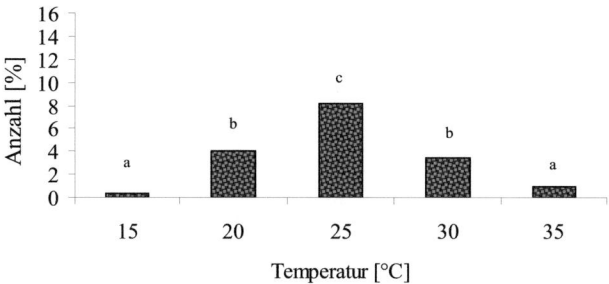

Abbildung 21: Einfluss der Temperatur auf die Ausbildung von Appressorien bei *Guignardia bidwellii* auf einer Modelloberfläche. Die Messung erfolgte 24 Stunden nach Inokulation. (Gleiche Buchstaben bedeuten keine statistische Signifikanz zwischen den Varianten, n = 4; p= 0,05; Tukey-Test)

4.5 Einfluss der Sorten auf die Entwicklung der Sympomausprägung

Die bisherigen Untersuchungen haben gezeigt, dass es einen Einfluss der Temperatur auf die Entwicklung der Konidien gibt, die zu einer mehr oder weniger schnellen Ausbildung der Eindringungsorgane führte. Die Ergebnisse des Keimungstests auf einer Modelloberfläche ließen erkennen, welchen Einfluss die Temperatur auf die Schnelligkeit der Keimung hat. Es zeigten sich Unterschiede bei der Bildung von Keimschlauchlängen und von Appressorien hinsichtlich der Optimumstemperaturen. Im folgendem wurden Untersuchungen zum Temperatureinfluss auf Rebenebene durchgeführt. Damit sollte der Einfluss der Temperatur auf die Entwicklung von *Guignardia bidwellii* auf der Rebe untersucht werden. Entwicklung von *Guignardia bidwellii* auf den Sorten 'Chardonnay' und 'Müller-Thurgau'

Die Untersuchungen zum Verhalten der Konidien auf den Sorten 'Chardonnay' und der Sorte 'Müller-Thurgau' nach der Inokulation mit *G. bidwellii* wurden auf Blättern durchgeführt. Während der Inkubationszeit wurden die Blätter bei 18 °C und 27°C gehalten. Es wurden Proben entnommen, die später unter dem Mikroskop ausgewertet wurden. Die Ergebnisse über den Verlauf der Entwicklung sind in Abbildung 23 und 24 zusammenfassend dargestellt. Die Keimrate bei 18 °C weist nur an zwei Stellen signifikante Unterschiede innerhalb der Sorten auf. 10 und 72 Stunden nach Inokulation zeigt sich bei der Sorte 'Chardonnay' eine höhere Keimrate (ca. 10 %) als bei der Sorte 'Müller-Thurgau'. Bei der höheren Temperatur von 27 °C zeigt sich nur bei 72 Stunden nach Inokulation einen signifikanter Unterschied zwischen den Sorten. Die Keimrate steigt in dem beobachteten Zeitraum von 70 % bei der Sorte 'Müller-Thurgau' auf 95 % bei der Sorte 'Chardonnay' nach 72 Stunden. Tendenziell verhält sich der Pilz auf beiden Sorten, bezogen auf die Keimrate, sehr ähnlich, wobei die Keimrate bei der Sorte 'Chardonnay' leicht besser war.

10 Stunden nach Inokulation wurden die ersten Keimschläuche gemessen. Dabei erfolgte die Messung eines Keimschlauches, wenn dieser gleich oder länger war als der Durchmesser einer Konidie. Die Keimschläuche von der Sorte 'Chardonnay' waren zu Beginn der Messung bei 18 °C 6 µm länger als bei der Sorte der Sorte 'Müller-Thurgau' und bei 27 °C um13 µm länger. Am Ende der Messung (72 Stunden nach Inokulation) waren die Keimschläuche von der Sorte Müller- Thurgau bei beiden Temperaturen signifikant länger (8 / 12 µm). Vergleicht man dazu die Keimschlauchlängen mit Appressorienbildung, wird sichtbar, dass bei 18 °C zu Beginn und Ende signifikante Unterschiede zwischen den Sorten bestehen (Abb. 24). In dem Zeitraum von 24 – 48 Stunden nach Inokulation verhält sich der Pilz auf den Oberflächen sehr ähnlich, es konnten keine signifikanten Unterschiede festgestellt werden.

Ein anderes Bild ergibt sich wenn die höhere Temperatur betrachtet wird. Bei allen gemessenen Zeitpunkten traten Unterschiede zwischen den Sorten auf. Die Sorte 'Müller-Thurgau' weist signifikant längere Keimschläuche mit einem Appressorium auf als die Vergleichssorte. Bei der Sorte der Sorte 'Müller-Thurgau' wurden Keimschlauchlängen von 60 – 70 µm gemessen. Damit waren die Keimschläuche 10 - 20 µm länger als bei der Sorte der Sorte 'Chardonnay'. Weitere signifikante Unterschiede traten bei der Anzahl an gebildeten Appressorien auf. Bei 18 °C bildete nur die Sorte 'Müller-Thurgau' nach 10 Stunden Appressorien. Über den beobachteten Zeitraum konnte bei der Sorte 'Müller-Thurgau' eine signifikant höhere Appressorienbildung gemessen werden; nach 72 Stunden waren es 8 % mehr als bei 27 °C. Bei der Sorte 'Müller-Thurgau' wurden 5 % mehr Appressorien bei 18 °C gebildet. Beide Sorten zeigten deutlich den Trend, dass mit fortschreitender Zeit mehr Appressorien gebildet wurden. Bei der mikroskopischen Untersuchung war auffällig, dass sich bei der erhöhten Temperatur die Keimschläuche bei der Sorte 'Chardonnay' verzweigten oder schon zu Beginn der Keimung zwei Keimschläuche gebildet wurden. Dieses unterschied die beiden Sorten signifikant voneinander. Bis zu 32 % der Keimschläuche wiesen einen zweiten Keimschlauch auf. Auf der Sorte 'Müller-Thurgau' bildete sich selten ein zweiter Keimschlauch, nur in knapp zwei Prozent der Fälle konnte eine Verzweigung gemessen werden.

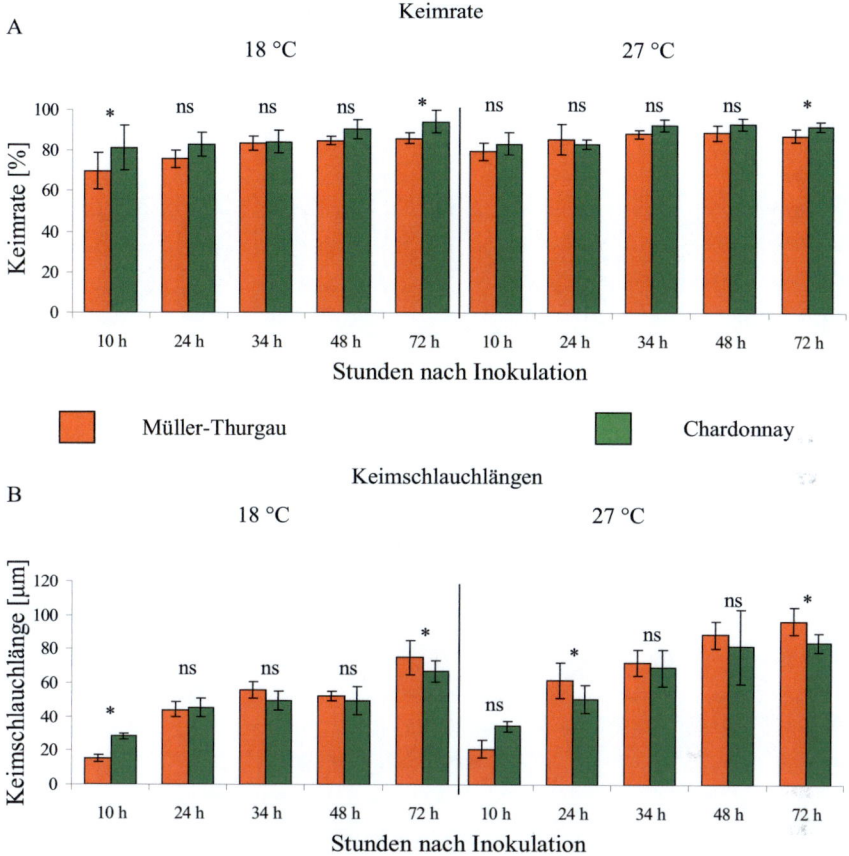

Abbildung 22: Einfluss der Sorte auf die Entwicklung der Keimrate (A) und der Keimschlauchlänge (B) in Abhängigkeit der Temperatur bei den Sorten 'Müller-Thurgau' und 'Chardonnay' (mit ns gekennzeichnete Werte zeigen signifikante Unterschiede an, T-Test, p = 0,05; n = 4).

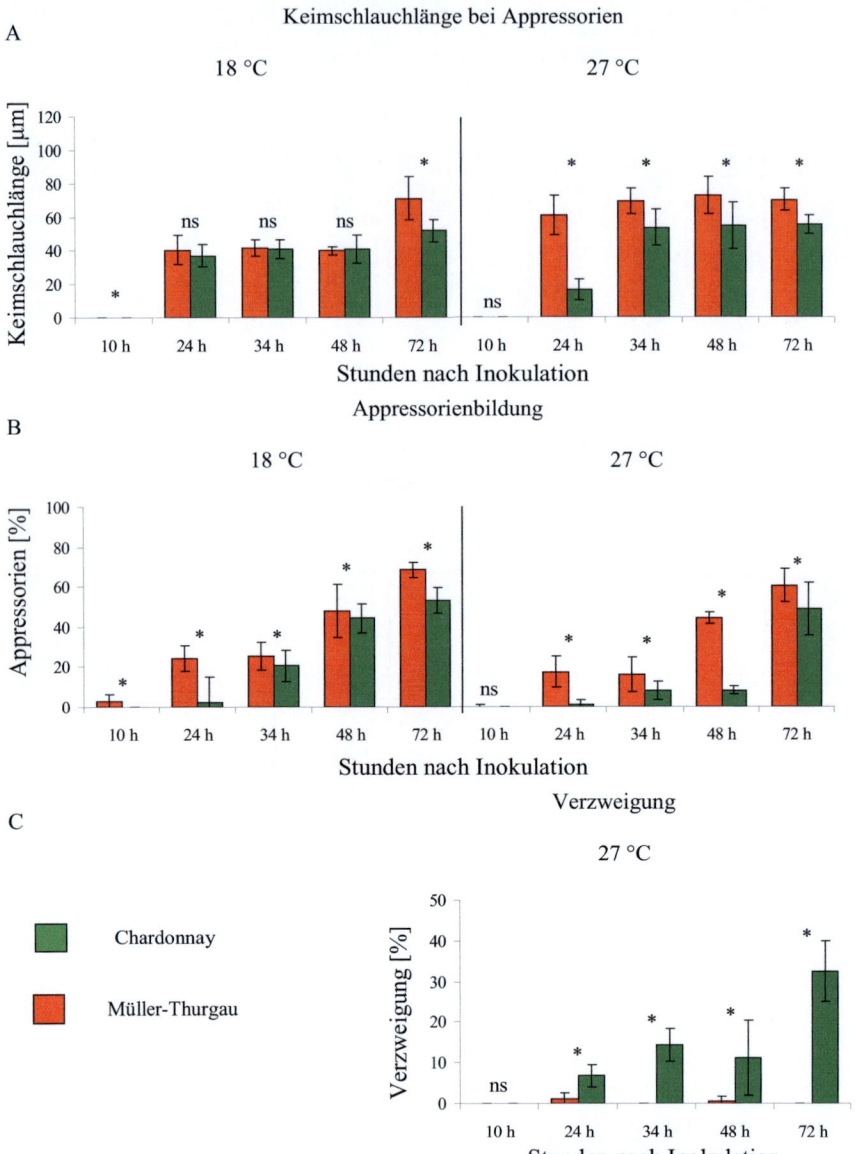

Abbildung 23: Einfluss der Sorte auf die Entwicklung der Keimschlauchlänge bei Appressorien (A), Appressorienbildung (B) und Verzweigung der Keimschläuche (C) in Abhängigkeit der Temperatur bei den Sorten 'Müller- Thurgau' und 'Chardonnay' (mit ns gekennzeichnete Werte zeigen keine signifikanten Unterschiede an, t-Test, p = 0,05, n = 4)

Des Weiteren wurde die Entwicklung der Befallsstärke auf jeder Blattetage bei der Sorte 'Chardonnay' und der Sorte 'Müller-Thurgau' über einen Zeitspanne von 21 Tagen bei einer Temperatur von 27 °C boniert. Dabei wurde der Sorteneinfluss und der Einfluss der Feuchtigkeit auf die Befallsstärke untersucht (Abb. 25 und 26). Am 6. Tag nach Inokulation konnten die ersten Veränderungen auf den Reben festgestellt werden. Auf der dritten Blattetage bei der Sorte 'Müller-Thurgau' und auf der vierten Blattetage bei der Sorte 'Chardonnay' zeigten sich erste Anzeichen. Nach weiteren 5 Tagen zeigten sich deutliche Veränderungen, die durch den Pilz verursacht wurden. Die 3. bis 5. Blattetage zeigten pilzspezifische Veränderungen bei der Sorte 'Chardonnay'. Auch auf der zweiten Balletage stellte sich der erste Befall ein. Bei der Sorte 'Müller-Thurgau' zeigten sich nur auf den Blattetagen 3 – 5 Symptome. Blattetage 2 und 6 blieben weiterhin frei von Symptomen. Am 19. Tag zeigten sich verstärkt Symptome auf den Stengeln, die Blätter starben langsam ab. Einen stärkeren Befall mit mehr absterbenden Blättern in Folge von Stengelbefall wies die Sorte 'Müller-Thurgau' auf. Von der zweiten bis zur fünften Blattetage konnten Pyknidien gefunden werden. Die Sorte 'Chardonnay' wies nur auf drei Blattetagen einen Pyknidienbefall auf und auf der fünften Blattetage kam ein Stengelbefall hinzu. Bei beiden Sorten wurden das erste und das sechste inokulierte Blatt nicht befallen.

In einem weiteren Versuch wurde die Inkubationszeit von 24 Stunden auf 48 Stunden bei annähernd 100 % rel. Luftfeuchte erhöht (Abb. 26). Bei beiden Sorten zeigte sich 6 Tage nach Inokulation eine Veränderung auf zwei Blattetagen. Der Sorte 'Müller-Thurgau' wies einen Befall auf der zweiten und dritten Blattetage und der Sorte 'Chardonnay' bei der dritten und vierten Blattetage auf. Nach weiteren 5 Tagen zeigte sich eine Symptomentwicklung auf drei Etagen bei der Sorte 'Chardonnay' und bei der Sorte 'Müller-Thurgau' auf fünf Blattetagen. Weitere 8 Tage später wurden bei fünf Blattetagen von der Sorte 'Müller-Thurgau' Pyknidien gefunden, die am stärksten betroffene Etage war die dritte, dort wiesen fast alle Blätter der gleichen Sorte einen Stengelbefall auf. Die Sorte 'Chardonnay' zeigte Pyknidienbildung auf vier Blattetagen, die am stärksten betroffene Region war die fünfte Blattetage. Alle Reben wiesen an dieser Blattetage einen Stengelbefall auf. Vergleicht man diesen Befall mit der Variante, die nur eine Inkubationszeit von 24 Stunden hatte wird deutlich, dass die Inkubation mit längerer Luftfeuchtigkeit einen stärkeren Befall hervorruft. Es wurden mehr Blätter befallen und auch die Befallsstärke nahm zu. Bei 48 Stunden Luftfeuchtigkeit konnte der Pilz an den Reben der Sorte 'Müller-Thurgau' den meisten Schaden anrichten.

Ergebnisse

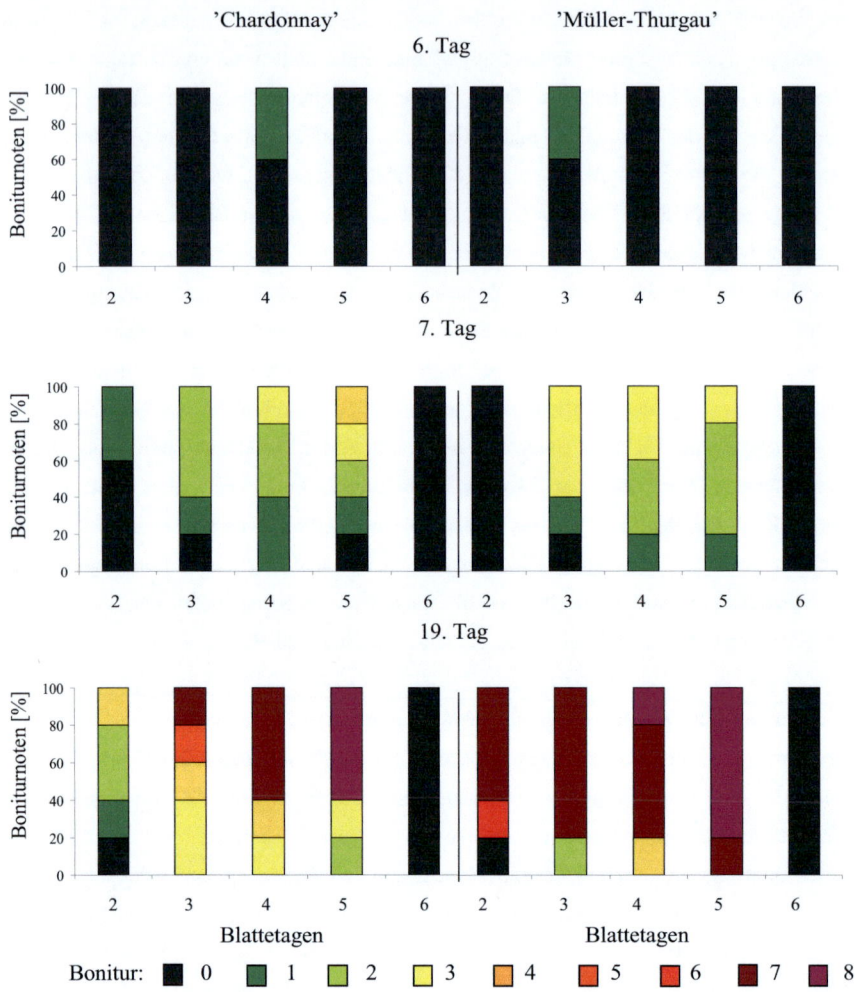

Abbildung 24: Entwicklung der Symptome von *G. bidwellii* auf den Sorten Chardonnay und Müller-Thurgau auf unterschiedlichen Blattetagen. Die Reben sind zuvor für 24 Stunden bei annähernd 100 % rel. Luftfeuchtigkeit inkubiert worden.

0	kennzeichnet keinen Befall
1 & 2	kennzeichnen die ersten unspezifischen Symptome, Blattaufhellungen, Chlorosen
3 & 4	kennzeichnen die ersten typischen Symptome mit grau-braunen Nekrosen,
5 & 6	die Flecken gehen in rotbraune Flecken über
7	Pyknidien bilden sich auf den Blättern
8	kennzeichnet den Endbefall mit Symptomen am Stengel

Ergebnisse

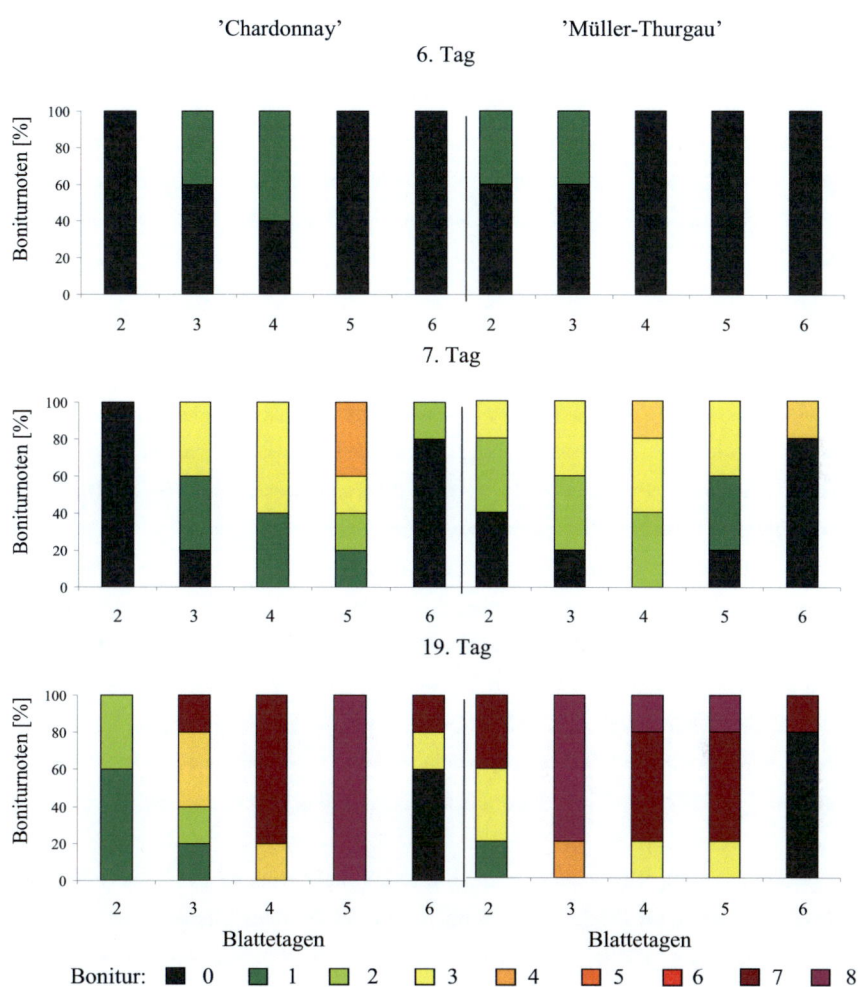

Abbildung 25: Entwicklung der Symptome von *G. bidwellii* auf den Sorten Chardonnay und Müller-Thurgau auf unterschiedlichen Blattetagen. Die Reben sind zuvor für 48 Stunden bei annähernd 100 % rel. Luftfeuchtigkeit inkubiert worden.

0	kennzeichnet keinen Befall
1 & 2	kennzeichnen die ersten unspezifischen Symptome, Blattaufhellungen, Chlorosen
3 & 4	kennzeichnen die ersten typischen Symptome mit grau-braunen Nekrosen,
5 & 6	die Flecken gehen in rotbraune Flecken über
7	Pyknidien bilden sich auf den Blättern
8	kennzeichnet den Endbefall mit Symptomen am Stengel

4.5.1 Einfluss der Temperatur auf die Symptomausprägung auf Reben

Die Temperaturversuche für die Symptomverteilung wurden bei 15 – 35 °C mit ganzen Rebenpflanzen in Klimakammern durchgeführt. Die Inkubation der Reben erfolgte in Klimakammern. Die Bonitur erfolgte ab dem Sichtbar werden der ersten Symptome bis 21 Tage nach Inokulation. Gleichzeitig wurden nicht inokulierte Kontrollpflanzen in den Klimakammern aufgestellt, um den Einfluss der Temperatur auf die Rebenblätter festzuhalten.

Die Blätter der Kontrollpflanzen zeigten einen deutlichen Einfluss der Temperatur (Abb. 27). Bei Temperaturen von15 °C und 20 °C konnte man bei der Sorte 'Chardonnay' aufgehellte Rebenblätter erkennen. Ihr Grünton unterschied sich deutlich von der Blattfärbung von Reben, die bei höheren Temperaturen aufgestellt wurden. Die Blätter von Der Sorte 'Müller-Thurgau' zeigten bei 20 °C und bei 35 °C einen deutlich abweichenden Farbton. Die Blätter bei der höchsten getesteten Temperatur waren am kleinsten. Es bildeten sich kaum große Blätter aus. Nach einer Inokulation mit *G. bidwellii* zeigten die Sorten unterschiedlich starke Befallsstärken bei den Temperaturen von 15 – 35 °C. In Abbildung 28 sind beispielhaft typische Rebenblätter der beiden Sorten abgebildet. Bei der tiefsten getesteten Temperatur finden sich die Symptome bei der Sorte 'Chardonnay' entlang der Mittelader. Sie sind rotbraun und länglich gezogen. Zum Teil sind noch graue Flecken erkennbar, die Vorstufe des späteren, typischen Befalls. Der Sorte 'Müller-Thurgau' zeigt ein anderes Bild, über das ganze Blatt sind kleine, ca. 2 mm^2 große Flecken verteilt. Das Blatt ist aufgehellt.

Die Reben der Sorte 'Chardonnay' zeigten deutlich mehr typische Flecke über das Blatt verteilt. Dabei waren die Flecke unterschiedlich groß. Bei der Sorte 'Müller-Thurgau' zeigten sich nur auf der Hälfte des Blattes Flecken. Diese waren zu einem großen zusammengewachsen. Außerdem waren noch weitere kleinere Flecken zu finden. Zwischen 25 und 30 °C waren die Flecken mehr oder weniger bei beiden Sorten über die gesamte Blattfläche verteilt. Die Symptome bei der Sorte 'Müller-Thurgau' neigten eher dazu größere Flecken zubilden, während bei der Sorte 'Chardonnay' mehr kleine Flecken zu finden waren. Die Symptomausprägung nahm bei einer Temperatur von 35 °C deutlich ab, es wurden nur noch vereinzelt typische Flecken gefunden. Bei beiden Sorten war auffällig, dass die Flecken entlang der Andern besonders stark ausgeprägt waren. An den tieferen Punkten der Blätter war auf Grund der Feuchtigkeit ein verstärkter Befall zu finden.

Abbildung 26: Einfluss der Temperatur auf nicht inokulierte Reben der Sorte 'Chardonnay' und der Sorte 'Müller-Thurgau' bei 15 - 35 °C.

'Chardonnay'	Temperatur	'Müller-Thurgau'
	15 °C	
	20 °C	
	25 °C	
	30 °C	
	35 °C	

Abbildung 27: Einfluss der Sorte auf die Symptomausprägung von *G. bidwellii* bei den Sorten 'Chardonnay' und 'Müller-Thurgau' in Abhängigkeit der Temperatur.

In Abbildung 29 wurden die befallenen Blätter pro Pflanze, Sorte und Temperatur im Durchschnitt dargestellt. Vergleicht man die Sorten an Hand der befallenen Blätter so erkennt man, dass bei der Sorte 'Chardonnay' maximal 13 Blätter befallen wurden, bei der Sorte 'Müller-Thurgau' dagegen nur 10 Blätter. Dieses drückt sich auch im prozentualen Befall aus. Die Sorte 'Chardonnay' zeigt einen Höchstbefall von über 50 %, dieser lag um mehr als 10 % höher als bei der Vergleichssorte. Die Kurve bei der Sorte 'Chardonnay' fängt bei 15 °C mit 1,3 befallenen Blättern (< 5 %) an und steigt bis auf 13 befallene Blätter bei 20 °C (57 %). Bis zur Temperatur von 35 °C sinkt der Befall wieder auf 20 % (4,2 Blätter). Damit liegt dieser Wert über dem Befallswert von 15 °C. Bei der Sorte 'Müller-Thurgau' fängt die Kurve bei 15 °C und 4,2 befallene Blätter an (18 %). Damit ist dieser Wert um das dreifache höher als bei der Vergleichssorte. Der Befall steigert sich bis zu einer Temperatur von 20 °C und erreicht einen Wert von 9,4 befallenen Blätter (42 %). Zwischen den Temperaturen von 20 – 30 °C konnte bei der Sorte 'Müller-Thurgau' kein signifikanter Unterschied berechnet werden. Danach fällt der Wert auf unter 4 befallene Blätter (13%) bei 35 °C. Im Vergleich zu der Sorte 'Chardonnay' ist der prozentuale Befall um 7 % geringer. Die Sorte 'Chardonnay' zeigte einen höheren Befall bei 35 °C und die Sorte 'Müller-Thurgau' zeigte einen höheren Befall bei 15 °C. Insgesamt konnte die Sorte 'Müller-Thurgau' im Vergleich zu der Sorte 'Chardonnay' einen tieferen Befallsverlauf aufweisen, erkennbar an den gestrichelten Linien.

Betrachtet man den Befallsverlauf der Reben bei den getesteten Temperaturen unter dem Gesichtspunkt der Befallsstärke, so erkennt man auch hier ähnliche Tendenzen, wie bei dem Blattbefall (Abb. 30). Der Befall steigt langsam an zwischen dem 7. und 11. Tag. Signifikante Unterschiede in den Temperaturen gab es bei der Sorte 'Chardonnay' bei 15 °C und 30 °C und bei der Sorte 'Müller-Thurgau' bei 15 °C und 20 °C. Danach kam es zu einem steilen Anstieg und die Unterschiede zwischen den Temperaturen wurden deutlicher. Bei der Sorte 'Chardonnay' zeigten sich signifikant höhere Befallsstärken bei 20 – 30 °C, der Sorte 'Müller-Thurgau' zeigte signifikante Unterschiede zwischen 15 °C und den anderen Temperaturen. Dieser Trend setzte sich bis zum Ende des Testzeitraums fort. Am Ende der Bonitur zeigten sich signifikant hohe Befallsstärken bei der Sorte 'Chardonnay' und einer Temperatur von 20 °C.

Bisher wurde nur der Einfluss der Temperatur bei einer Sorten unterschieden, jetzt soll der Unterschied innerhalb der Sorte differenziert betrachtet werden. In der Tabelle 11 wurde der Einfluss der Sorten bei verschiedenen Temperaturbedingungen dargestellt. Ausgehend von der Befallsstärke wurde unterschieden zwischen hoch signifikant (+ +), signifikant (+) und nicht signifikant (-). Bei einer Temperatur von 15 °C zeigten sich hoch signifikante Unterschiede zwischen den Sorten bei 14 und 17 Tagen nach Inokulation. Danach ging die Signifikanz zurück, aber es konnte noch ein Unterschied berechnet werden. Stieg die Temperatur um 5 °C an konnte bei 14 Tage nach Inokulation ein signifikanter Unterschied festgemacht werden. Bei dem letzten Boniturterminen zeigten sich bei 25 °C signifikante Unterschiede bei den Sorten. Bei der nächst höheren Temperatur zeigte sich, dass am Anfange hohe, signifikante Unterschiede waren, die sich aber mit der Zeit aufhoben. Nur bei der höchsten Temperatur zeigten sich von Beginn an signifikante Unterschiede zwischen den Sorten. Es stellte sich heraus, dass es einen höheren Befall bei der Sorte 'Chardonnay' gab. Dieser Trend zeichnete sich auch beim Blattbefall ab (Abb. 29).

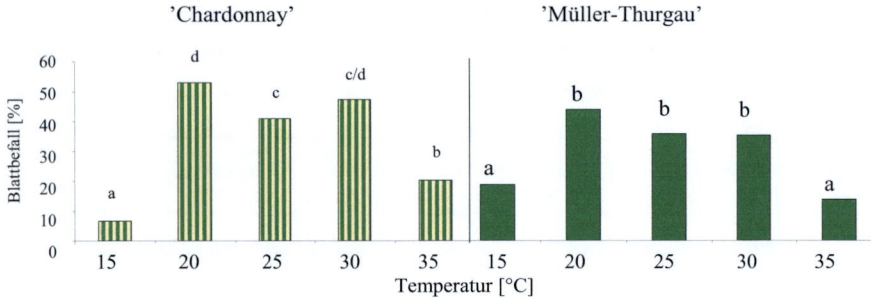

Abbildung 28: Einfluss der Temperatur auf den Blattbefall bei den Sorten 'Chardonnay' und 'Müller-Thurgau'. Es wurden jeweils 10 ganze Reben inokuliert. (Duncan Test, n = 10, p= 0,05, gleiche Buchstaben zeigen keine signifikanten Unterschied)

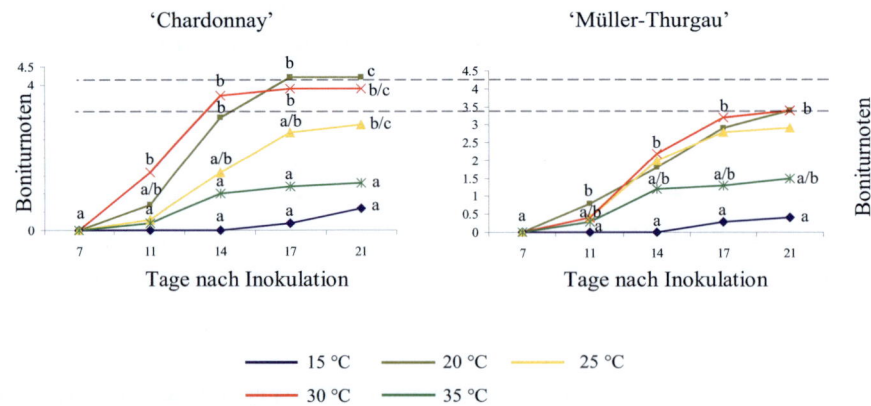

Abbildung 29: Einfluss der Temperatur auf die Entwicklung der Befallsausprägung bei den Sorten 'Chardonnay' und 'Müller-Thurgau'. (Duncan Test, n = 10, p = 0,05, gleiche Buchstaben zeigen keine signifikanten Unterschiede bei dem Boniturtag)

Tabelle 11: Einfluss der Sorten auf die Symptomentwicklung von *Guignardia bidwellii* bei unterschiedlichen Temperaturen

Temperatur	11. Tage	14. Tag	17. Tag	21. Tag
15 °C	-	+ +	+ +	+
20 °C	-	-	+	+
25 °C	-	+	-	-
30 °C	+ +	+	-	-
35 °C	+	+ +	+	+

+ + hoch signifikant, + signifikant, - nicht signifikant, n = 10, p = 0,05, t-Test

4.5.2 Inokulation von Reben mit unterschiedlichen Isolaten von *Guignardia bidwellii*

Der Pilz wuchs auf unterschiedlichen Medien unterschiedlich schnell, um herauszufinden, welches Medium für einen Erhalt das günstigste war, wurden verschiedene Inokulationsversuche gemacht. In Tabelle 12 sind die Ergebnisse zusammengefasst worden. Es zeigte sich, dass die Isolate unterschiedlich reagierten. Isolat 1 und 2 verhielten sich sehr ähnlich. Eine gute Inokulation bekam man bei den Medien Traubensaftagar und Haferagar, bei Nelkenbalttagar funktionierte die Inokulation in der Hälfte der Fälle. Das Isolat 3 lies sich gut von PDA-Medium auf Pflanze übertragen. Übertragbar war der Pilz auch von Nelkenblattagar. Das Isolat 5 konnte von Traubensaft gut und von Haferagar übertragen. Im Vergleich schnitt das Traubensaftmedium am besten ab gefolgt vom Nelkenblattagar. PDA mit Antibiotika (PDA^{4+}) hat in keinem der Fälle funktioniert. Außerdem konnte das Isolat 4 mit keinem der verwendeten Medien auf Rebe übertragen werden.

Tabelle 12: Einfluss der Medien auf den Infektionsprozess von *G. bidwellii* bei Reben

Medien	Isolat 1	Isolat 2	Isolat 3	Isolat 4	Isolat 5
PDA	- -	- -	+ +	- -	- -
PDA $^{4+}$	- -	- -	- -	- -	- -
Taubensaftagar	+ +	+ +	- -	- -	+ +
Haferagar	+ +	+ +	- -	- -	+ -
Nelkenblattagar	+ -	+ -	+ -	- -	- -
Maisagar	- -	- -	- -	- -	- -

- es hat <u>keine</u> Infektion auf Rebe stattgefunden; + es hat <u>eine</u> Infektion auf Rebe stattgefunden

4.6 Histologie

Für die Untersuchungen zum Infektionsprozess von *Guignardia bidwellii* wurden mikroskopische Untersuchungen durchgeführt. Auf verschiedenen Oberflächen und mit verschiedenen Anfärbemethoden wurden die Keimungs- und Infektionsstadien zu unterschiedlichen Zeiten untersucht und bildliche festgehalten.

4.6.1 Pre-infektionelle Stadien von *Guignardia bidwellii*

Die Konidien von *G. bidwellii* waren im ungekeimten Zustand farblos und fast kreisrund, wie man in der Abbildung 31 A sehen kann. Sie hatten einen Durchmesser von 5 – 8 µm. Im Inneren befanden sich verschiedene kugelige Strukturen, die man deutlich mikroskopisch erkennen konnte. Auf ein Rebenblatt appliziert hafteten sie auf der Kutikula. In Abbildung 31 B sieht man einen Querschnitt durch ein Blatt, auf dem sich eine Konidie anhaftete. 4 bis 8 Stunden später bildeten sich die ersten Keimschläuche (Abb. 31 C). Die Keimschläuche waren von einer extrazellulären Matrix umgeben (Abb. 31 D). Zu Beginn der Keimung umgab die Matrix die Konidien und den Keimschlauch vollständig, doch im Laufe der Entwicklung umhüllte die Matrix immer weniger den Keimschlauch. Deutlich konnte man auf der Rebenoberfläche die Kutikula an Hand der Wachsleistchen erkennen. Nachdem die Konidien ausgekeimten lagerten sich in dieser die kleinen kugeligen Speicherstoffe zusammen und bilden größere Ansammlungen. Im Keimschlauch befanden sich ebenfalls Speicherstoffe (Abb. 31 E), die aber viel kleiner waren als die in der Konidie. Die Auskeimung der Konidien erfolgt sehr häufig im Verband, wo gekeimte und ungekeimte Konidien nebeneinander lagen (Abb. 31 F).

18 bis 48 Stunden nach dem Auskeimen bildeten einige Konidien sehr lange Keimschläuche, die bis zu 0,8 mm lang waren (Abb. 32 A / B). Eine Besonderheit konnte auf der Oberfläche von der Rebensorte 'Chardonnay' beobachtet werden. Die Keimschläuche verzweigten sich. Dieses konnte nur für die Oberfläche der Rebsorte 'Chardonnay' beschrieben werden (Abb. 32 A). Zum gleichen Zeitpunkt bildeten die Konidien auf der Sorte 'Müller-Thurgau' Appressorien oder lange Keimschläuche (Abb. 32 B).

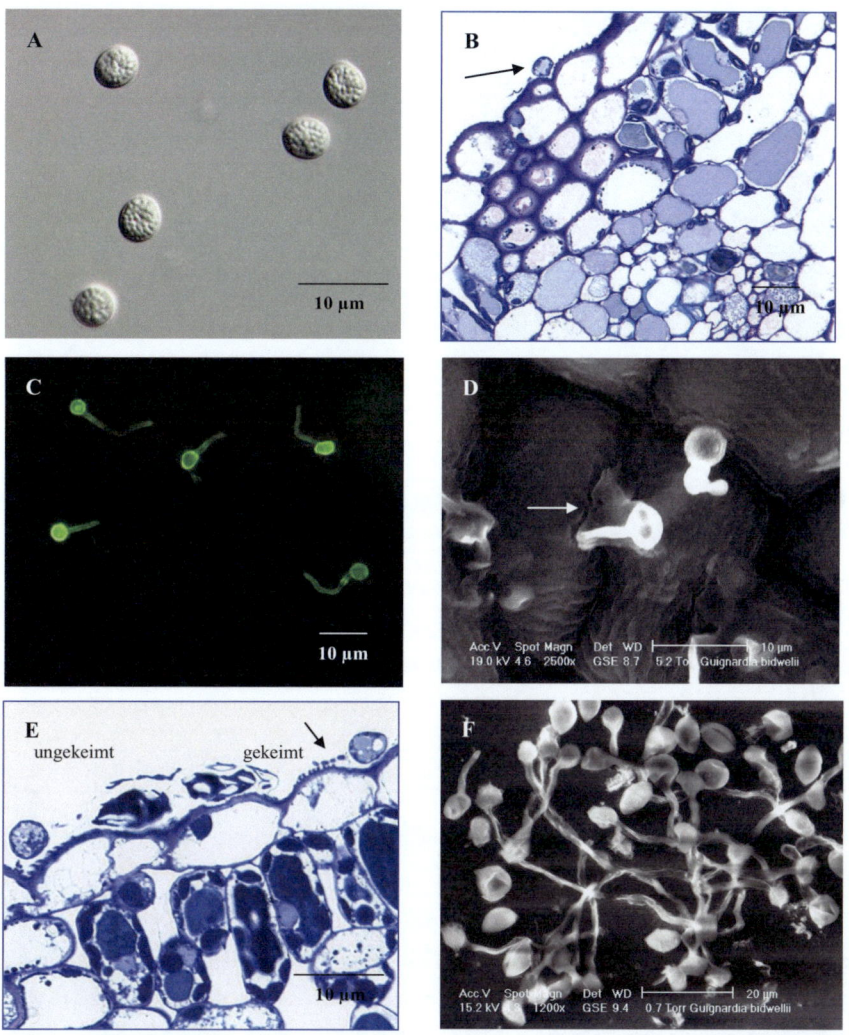

Abbildung 30: Pre-infektionelle Stadien von *Guignardia bidwellii* auf Pflanzenoberfläche und Modelloberfläche.
  A: ungekeimte Konidien von *G. bidwellii* auf Glasoberfläche lichtmikroskopische Aufnahme
  B: Querschnitt durch ein Blatt mit einer Konidie (Pfeil) auf der Kutikula, Angefärbt mit Tuoledinblau
  C: gekeimte Konidien auf einem Rebenblatt 24 h n. I., Fluoreszenmikroskop mit Anelinblau angefärbt
  D: gekeimte Konidien auf einem Rebenblatt, umgeben von einer Matrix (Pfeil), Rasterelektronenmikroskopie
  E: Querschnitt durch ein Blatt mit einer gekeimten Konidie (Pfeil) auf der Kutikula, Angefärbt mit Tuloudinblau
  F: gekeimte Konidien auf einer Modelloberfläche, im Zellverband, Rasterelektronenmikroskopie

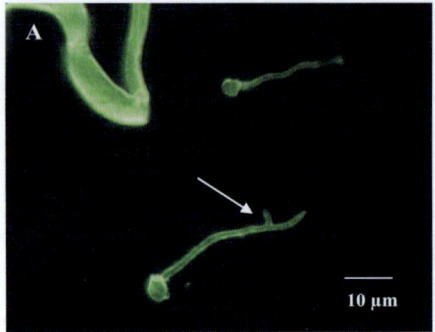 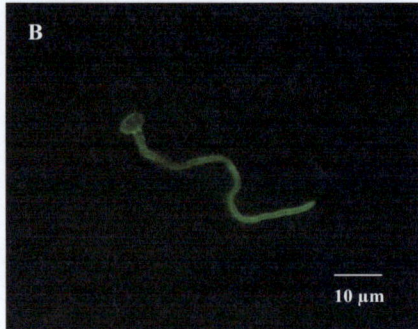

Abbildung 31: Pre-infektionelle Stadien von *Guignardia bidwellii* auf den Sorten 'Chardonnay' (A) und 'Müller-Thurgau' (B) 24 h n. I.. Der Pfeil zeigt auf die Verzweigung, die zu diesem Zeitpunkt nur auf der Oberfläche von der Sorte 'Chardonnay' mikroskopisch nachgewiesen werden konnte. Floureszenzmikroskopie mit Anelinblau angefärbt.

4.6.2 Entwicklung und Eindringen von Konidien auf verschiedenen Oberflächen

Für die Charakterisierung des Keimungsverhaltens von *Guignardia bidwellii* wurden die Konidien mikroskopisch näher betrachtet. Dabei wurde das Verhalten der Konidien auf ihrer Wirtspflanze, der Rebe, und einer Modelloberfläche von der Keimung bis zur Bildung der Pyknidien untersucht.

4.6.2.1 Verteilung der Lipide und Glykogene in Konidien innerhalb der ersten 48 Stunden auf einer Modelloberfläche

Die Verteilung von Lipiden und Glykogenen in Konidien von *G. bidwellii* wurden, wegen der besseren Anfärbbarkeit, auf Polysteren durchgeführt. In der Abbildung 33 wurden die wichtigsten Stationen, bei der Entwicklung innerhalb der ersten 48 Stunden, in Bildern zusammengefasst. In ungekeimten Konidien lassen sich deutlich, auch ohne Anfärbungen, Strukturen erkennen. Mit Hilfe der Nil Red-Lösung wurden diese als Lipide identifiziert. In den Konidien waren viele Lipidtröpfchen eingelagert (Abb.33 c). Dagegen konnten wenige Unterschiede bei der Anfärbung mit Lugol's Lösung, die Glykogene anfärben, sichtbar gemacht werden. Daraus lies sich folgern, dass kaum Glykogene aufgebaut wurden, was sich in einer schwachen Blaufärbung niederschlug. Vier Stunden nach Inokulation bildeten sich vereinzelt Keimschläuche aus. Aus den vielen kleinen Fetttropfen vom Anfang wurden wenige große Tropfen (Abb. 33 f). Diese größeren Tropfen wurden alle in der Konidie eingelagert, im Keimschlauch waren keine Lipide nachzuweisen. Dieses änderte sich im Zeitraum von 8- 16 Stunden nach Inokulation, es wurden verstärkt kleinere Lipidetropfen in den Keimschlauch verlagert und zur Spitze transportiert. 16 Stunden nach Inokulation wurden auch die ersten Appressorien gebildet (Abb. 33 j/k).

In der näheren Umgebung eines Appressoriums konnte man die ersten bläulichen Verfärbungen erkennen. Ein Zeichen für die Bildung von Glykogenen. Diese Färbung war sehr schwach und sie konnte nur vereinzelt nachgewiesen werden. Es wurden während der ersten 48 Stunden nur vereinzelt Glykogene in den Konidien gefunden worden, Hauptspeicherstoff blieben die Lipide (Abb. 33 l). Bis 24 Stunden nach Inokulation wurden weiter Lipide verlagert, und die Konidie bildete ein oder mehrere Keimschläuche auf der Modelloberfläche aus (Abb. 34 k, m, q). 24 Stunden nach Inokulation konnte zum ersten Mal ein Lipidtransport in die Appressorien beobachtet werden (Abb. 34 p; r). Die Anzahl der Lipide im Keimschlauch nahm ab. Die Bildung von Glykogenen beschränkte sich auf das Gebiet um die Appressorien (Abb. 34 k/q). Nach 48 Stunden war der Lipidspeicher erschöpft, die Fluoreszenzfärbung ließ zunehmend nach. In dem beobachteten Zeitraum waren nicht alle Konidien in der Lage ein Appressorium zu bilden, manche bildeten nur lange Keimschläuche aus, ohne dass sie ein Eindringungsorgan ausbildeten (Abb.34 s, t). Bei der Bildung von Keimschläuchen wurden verstärkt Lipide verbraucht. Nach 48 Stunden ist in den Keimschläuchen ohne Appressorien kaum noch Fluoreszenzfärbung aufgetreten. Die Speicherstoffe waren zu diesem Zeitpunkt bei allen gekeimten Varianten fast vollständig verbraucht worden.

Ergebnisse

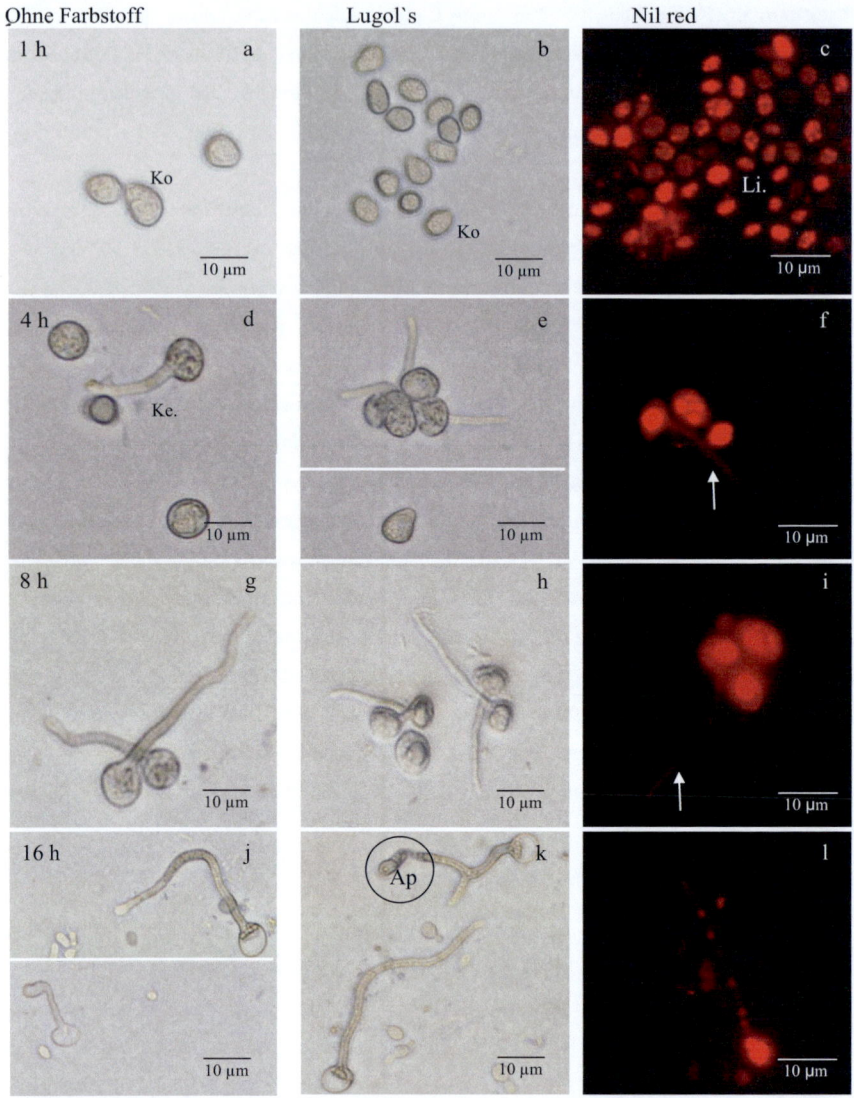

Abbildung 32: Einfluss der Lipide und Glykogene bei der Entwicklung von *G. bidwellii* auf Modelloberfläche.
a – c: Ungekeimte Konidien (Ko.) eine Stunde nach Inokulation, rote Fluoreszenzfärbung zeigt die Anwesenheit von Lipiden (Li.), die sich in der Konidie sammeln, keine Glykogenanfärbung.
d – f: 4 h p. I. beginnende Keimung der Konidien, Keimschlauchbildung (Ke.) (Pfeil), die Lipide bilden große Ansammlungen.
g – i: 8 h p. I. Wachstum der Keimschläuche (Pfeil), langsames Verlagern der Lipide in die Keimschläuche.
j – l: 16 h p. I. erste Appressorien (Ap.) bilden sich, und man kann um den Bereich der Appressorien Glykogen nachweisen. Erste Lipide werden als Tropfen in den Keimschläuchen verlagert.

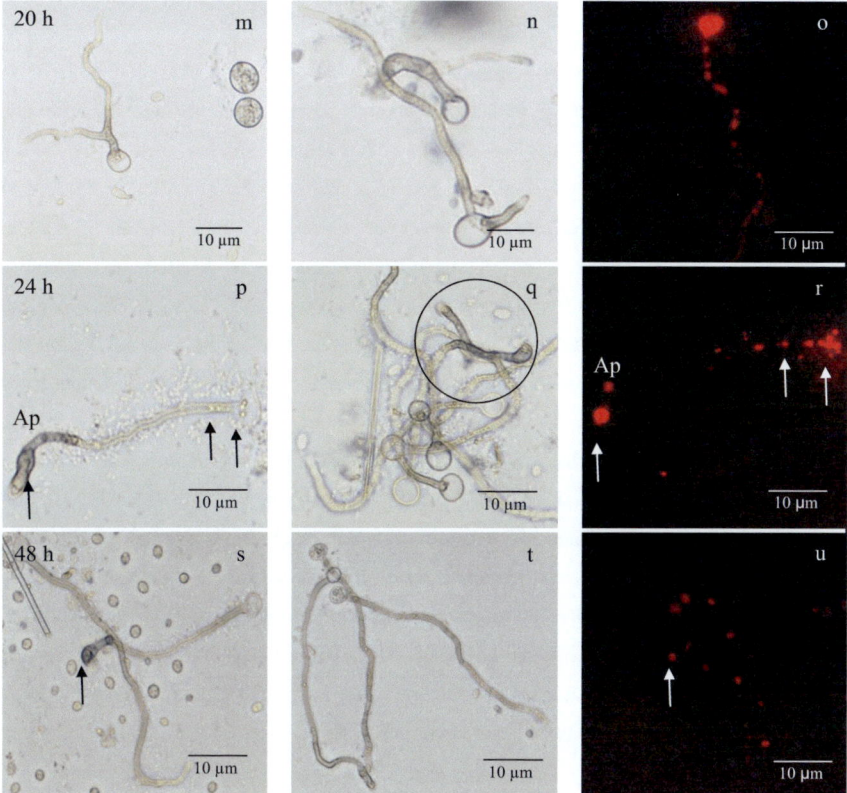

Abbildung 33: Einfluss der Lipide- und Glykogenverteilung bei der Entwicklung von *G. bidwellii* auf Modelloberfläche.

m – o: 20 Stunden p. I. weitere Keimschläuche bilden sich, die Glykogene sind nur um die Appressorien nachweisbar, und die Lipide werden bis zur Spitze der Keimschläuche transportiert.

p – r: 24 Stunden p. I. werden in den Appressorien Lipide (Pfeil) eingelagert, in der eigentlichen Konidie nimmt die Intensität der Lipidfärbung ab. Bei den Glykogenen tritt keine Veränderung bei der Verteilung ein. Nicht alle Konidien bilden am Ende der Keimschläuche Appressorien.

s – u: 48 Stunden p. I. nimmt der Gehalt an Lipiden ab, sowohl in den Keimschläuchen, als auch in den Appressorien. (Pfeil) Konidien ohne Appressorien haben fast keine Lipide mehr zur Verfügung.

4.6.3 Post-infektionelle Stadien von *G. bidwellii*

Während der Keimung umgab den Keimschlauch und die Konidie eine Matrix (Abb. 35 B/D). Mit der Fluoreszenzmikroskopie und dem Farbstoff Annelinblau konnten Konidie und Keimschlauch bis 72 Stunden nach Inokulation sichtbar gemacht werden (Abb. 35 E), danach wurde es durch die verstärkte Melanineinlagerung immer schwieriger (Abb. 35 F). Bis 24 Stunden nach Inokulation hatten sich schon die ersten Appressorien gebildet (Abb. 35 A). Des Weiteren entwickelten sich Konidien mit langen Keimschläuchen auf der Blattoberfläche. Die Appressorien hatten eine Länge von 3 – 6 µm und eine Breite von 7 – 8 µm. Nach wie vor umgab die Konidie eine Matrix, die nun aber nicht mehr flächig war wie zu Beginn der Keimung, sondern nur noch die Konidie und den Keimschlauch (Abb. 35 D) und nicht mehr die nähere Umgebung umgab. 24 Stunden nach Inokulation konnte bei den ersten Konidien Appressorienbildung beobachtet werden. Für die Eindringung wurde ein schmaler Infektionskeil gebildet, der durch die Kutikula geschoben wurde (Abb. 35 B). Im Fluoreszenzlicht mit Annelinblau sah man, von oben betrachtet, eine kleine runde helle Stelle (Abb. 35 C), die unter dem Lichtmikroskop eine starke Melanisierung (braune Verfärbung) aufwies (Abb. 35 F). Während der folgenden Entwicklung bildeten sich Hyphen, die sich zunächst auf dem Blatt entwickelten (Abb. 35 A), bevor sie dann zwischen Kutikula und Epidermis wuchsen (Abb. 36 E/ F). Mit fortschreitender Entwicklung drangen sie dann durch die Epidermis in das Palisadenparenchym ein (Abb. 36 B/D)

Der Pilz wuchs intrazellulär im Blatt, besonders gut konnte man den Pilz in den Leitbahnen der Blätter um die Interkostalfelder sehen (Abb. 36 A). Lange Hyphen zogen sich durch die einzelnen Zellen der Leitbahnen. In den befallenen Epidermiszellen der Interkostalfelder waren Ablagerungen zu erkennen, die vom Pilz stammen können (Abb. 36 B). 8 bis 11 Tage nach Inokulation waren die Zellen noch nicht zusammengebrochen, in ihnen konnte man noch Hyphen des Pilzes erkennen. 14 Tagen nach Inokulation waren die Zellen aufgelöst und das Gewebe wurde durch den Pilz zerstört (Abb. 36 C/D). In allen Schichten des Parenchyms waren Hyphen des Pilzes zu finden, dabei war die Epidermis und Kutikula nur partiell, an den Eindringungstellen, zerstört worden (Abb. 36 C/D). Unter dem Rasterelektronenmikroskop konnte man erkennen, dass das gesunde Gewebe direkt neben befallenem Gewebe lag (Abb. 36 C).

Ergebnisse

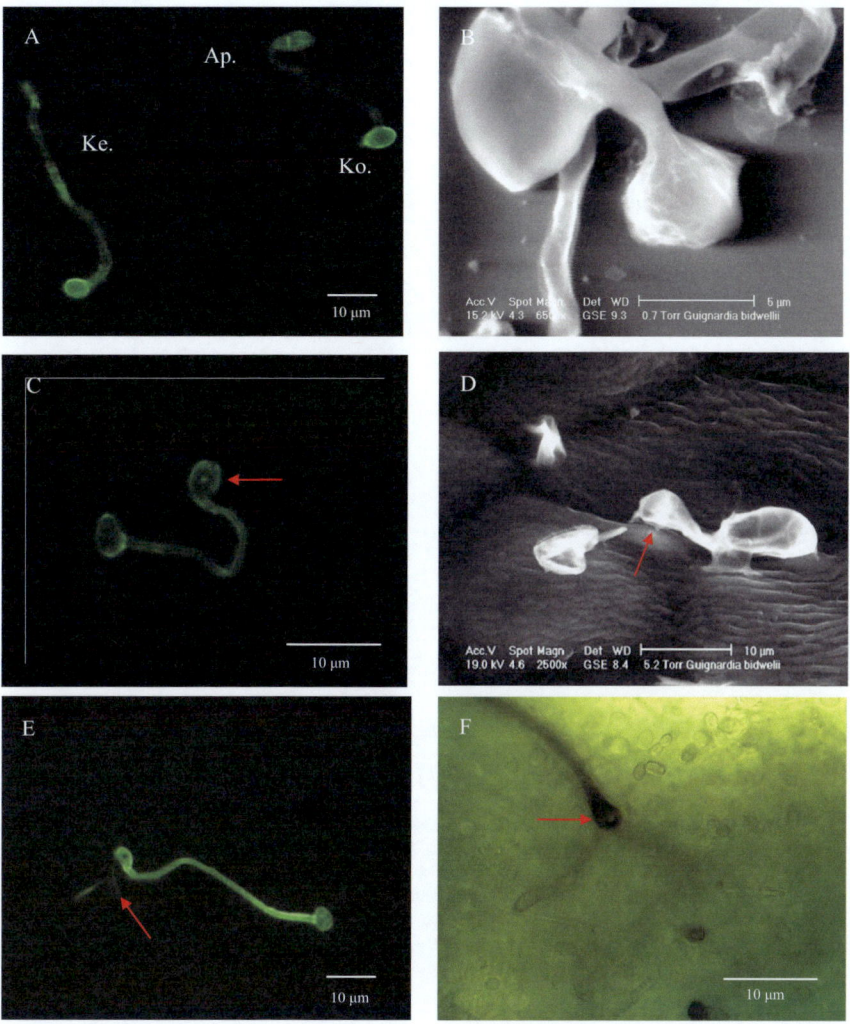

Abbildung 34: Post-infektionelle Stadien von *G. bidwellii* 24 bis 48 Stunden nach Inokulation auf Rebenoberfläche und Polysteren.

A: Fluoreszenzbild von gekeimten Konidien mit und ohne Appressorien auf der Sorte 'Müller-Thurgau', Annelinblau (Ap.: Appressorium; Ke.: Keimschlauch, Ko.: Konidie)
B: Rasterelektronenbild einer Konidie mit Appressorium 24 Stunden nach Inokulation
C: Fluoreszenzbild einer Eindringungsstelle (Pfeil) 48 Stunden nach Inokulation, Annelinblau
D: Eindringungskeil bei einem Appressorium (Pfeil) 48 h. p. I., Rasterelektronenmikroskopie
E: Fluoreszenzbild einer Eindringungsstelle mit sekundär Hyphen (Pfeil) 72 h. p. I., Annelinblau
F: Lichtmikroskopische Aufnahme einer Eindringungsstelle (Pfeil) 72 h. p. I. mit sekundär Hyphe

Ergebnisse

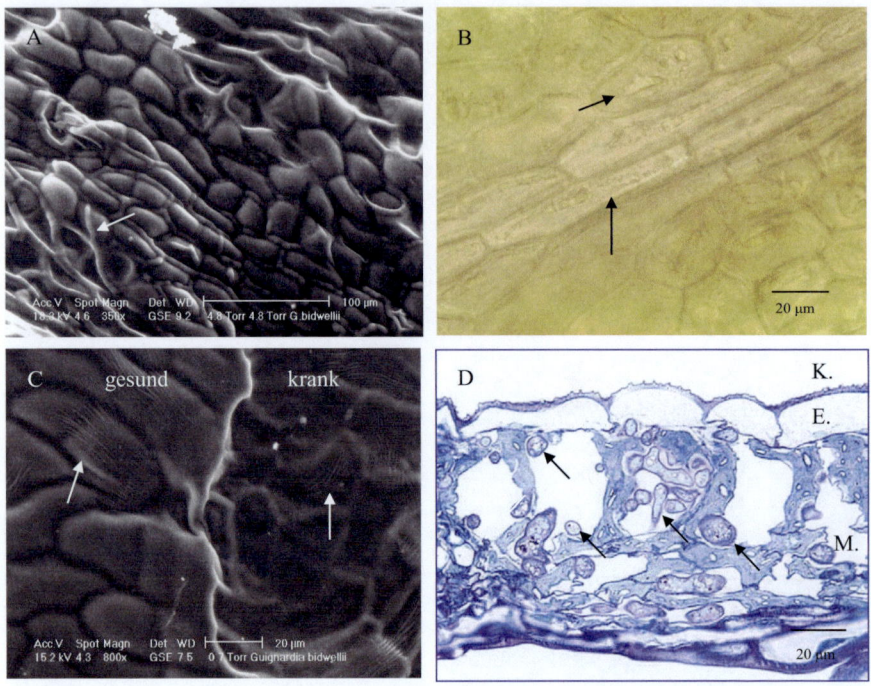

Abbildung 35: Einfluss des Befalls von *G. bidwellii* auf die Blattstrukturen bei Reben.

A: befallenes Gewebe mit Hyphengeflecht (Pfeil) von *G. bidwellii* auf der Oberfläche von Reben (Rasterelektronenmikroskopie)
B: Nekrotisches Gewebe sieben Tage nach Inokulation mit Hyphen die intrazellulär in den Zellen der Leitbahnen wachsen (Pfeil), Durchlichtmikroskopie ohne Anfärbung)
C: neben einer gesunden Oberfläche befinden sich die eingesunkenen befallenen Zellen. Die Pfeile zeigen auf die intakte Kutikula, Rasterelektronenmikroskopie
D: Querschnitt durch ein Blatt mit der Ausbreitung des Pilzes (Pfeil) im intrazellulären Raum 14 Tage nach Inokulation, Durchlichtmikroskopie (Toluidinblau). Die Pfeile zeigen auf das Pilzmyzel. (K.: Kutikula, E.: Epidermis, M.: Mesophyll)

4.6.4 Pyknidien

Nach 21 Tagen erschienen die ersten Pyknidien auf den Blättern als schwarze Punkte. Ein Ostiolum war am Scheitel der Pyknidie zu erkennen, deutlich konnte man die verschossene Pore sehen (Abb. 37 A). Die Pyknidien waren 100 – 170 µm im Durchmesser groß und mit bloßem Auge erkennbar. In ihnen reiften die Konidien heran (Abb. 37 B). Das Hervorquellen der Konidien erfolgte durch die Pore, welche einen Durchmesser von 10 – 20 µm hatte (Abb. 37 C und D). Die Konidien traten erst einzeln heraus, bevor sie dann in einer voluminösen Wolke herausquollen, dabei wurden sie von einer Schutzschicht umgeben (Abb. 37 E), bevor sie dann an der Außenwand der Pyknidien herunter liefen (Abb. 37 F). Wenn der Druck von innen zu groß wurde riss die Pore auf und zurück blieben nur noch vereinzelte Konidien (Abb. 37 G). Um die Pyknidien bildeten sich ein Teppich aus Konidien, der nach und nach von immer weiter herausquellenden Konidien weiter geschoben wurde. Danach kam es vor, dass leere Fruchtkörper in sich zusammen sanken oder sie bleiben als eine Wölbung nach außen stehen (Abb. 37 H).

Diese Flecken auf den Blättern waren rötlich braun, wobei sich die Leitbahnen dunkelbraun verfärben. Im Vergleich dazu waren die Nekrosen auf den Stengeln länglicher. Diese treten erst nach 21 Tagen auf und waren 1- 3 cm lang und 0,25 – 1 cm breit und von grünem Stengelgewebe umgeben. Insgesamt ist die Farbe der Flecken auf den Stengeln etwas dunkler als auf den Blättern. Die schwarzen Pyknidien sind auf den Blättern in unmittlerbarer Nähe der Leitbahnen zu finden (Abb. 36 C und I). Auf den Stengeln sind die Pyknidien wie Perlen auf einzelnen Schnüren aneinander gereiht (Abb. 36 D). Mit fortschreitender Entwicklung der Krankheit fallen die Zellen in sich zusammen (Abb. 36 E/ F). Unregelmäßig fallen die befallenen Zellen auf den Blättern zusammen, die auf Grund ihrer Anatomie anders gebauten Zellen der Stengel fallen auch zusammen, bilden dann linienförmige Erhöhungen, durch die stehen bleibenden Zellwände. Die Wachsauflage der Rebenblätter bilden kleine wellenförmige Linien, wie man in Abbildung 36 D und G erkennen kann. Sie überziehen die ganze Blattfläche. Diese so genannten Wachsleisten findet man nicht nur auf dem gesunden Gewebe, sondern auch auf dem kranken Gewebe, der Pilz zerstört diese Wachse nicht. Der Pilz wächst unter der Kutikula und zerstört das darunter liegende Gewebe. Vor allem richtet er große Zerstörungen im Schwammparenchym an, bevor die Pyknidien gebildet werden. Nach 14 Tagen werden die ersten Pyknidien sichtbar als kleine, schwarze Punkte unter der Kutikula (Abb. 37 A/B). Wenn die Pyknidien reif sind werden die Konidien entlassen und über das Blatt verteilt. Es kann zu einer erneuten Infektion kommen.

Ergebnisse

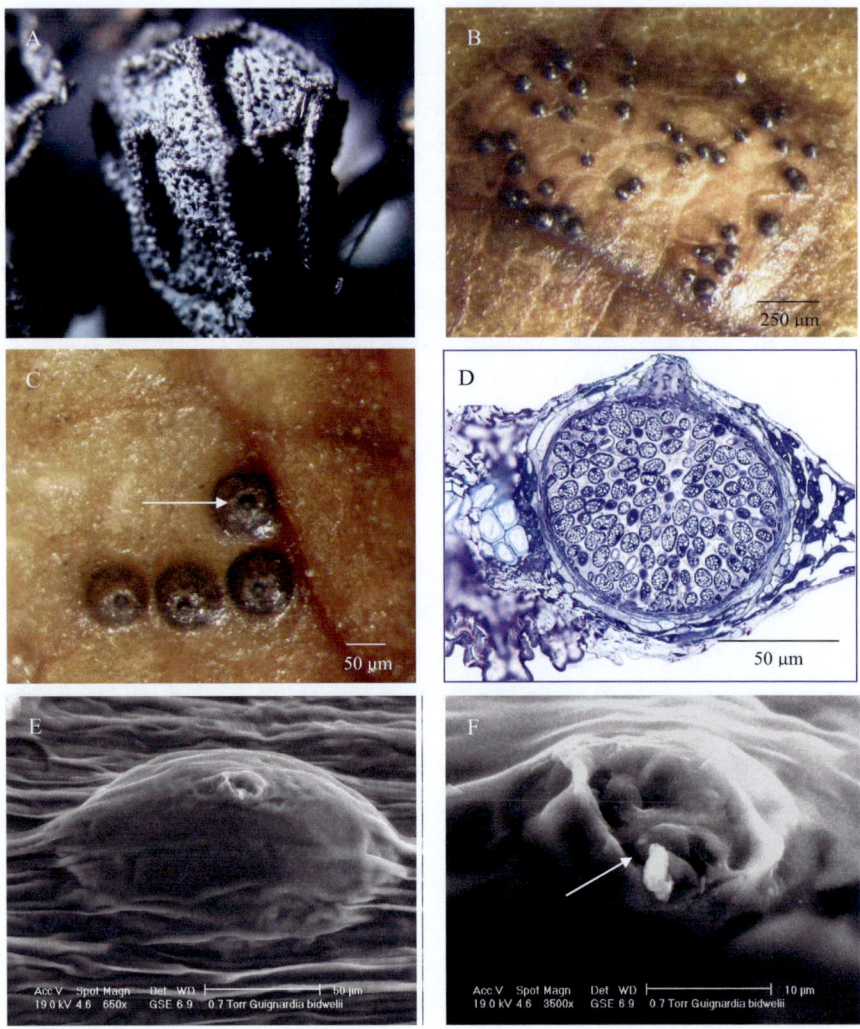

Abbildung 36: Erscheinungsbild Pyknidien von *G. bidwellii* zu unterschiedlichen Zeitpunkten der Entwicklung.

- A: Eine Fruchtmumie die mit Pyknidien übersät ist
- B: Steriomikroskopische Vergrößerung von einem Interkostalfeld auf einem Blatt mit Pyknidien
- C: Steriomikroskopisches Bild von verschlossenen Pyknidien, der Pfeil zeigt auf ein Ostilum.
- D: Querschnitt durch ein verschlossenes Pyknidium mit Konidien im inneren.
- E: Pyknidieum unter der Kutikula und Epidermis
- F: ein sich öffnendes Ostilum mit Konidien beim Heraustreten

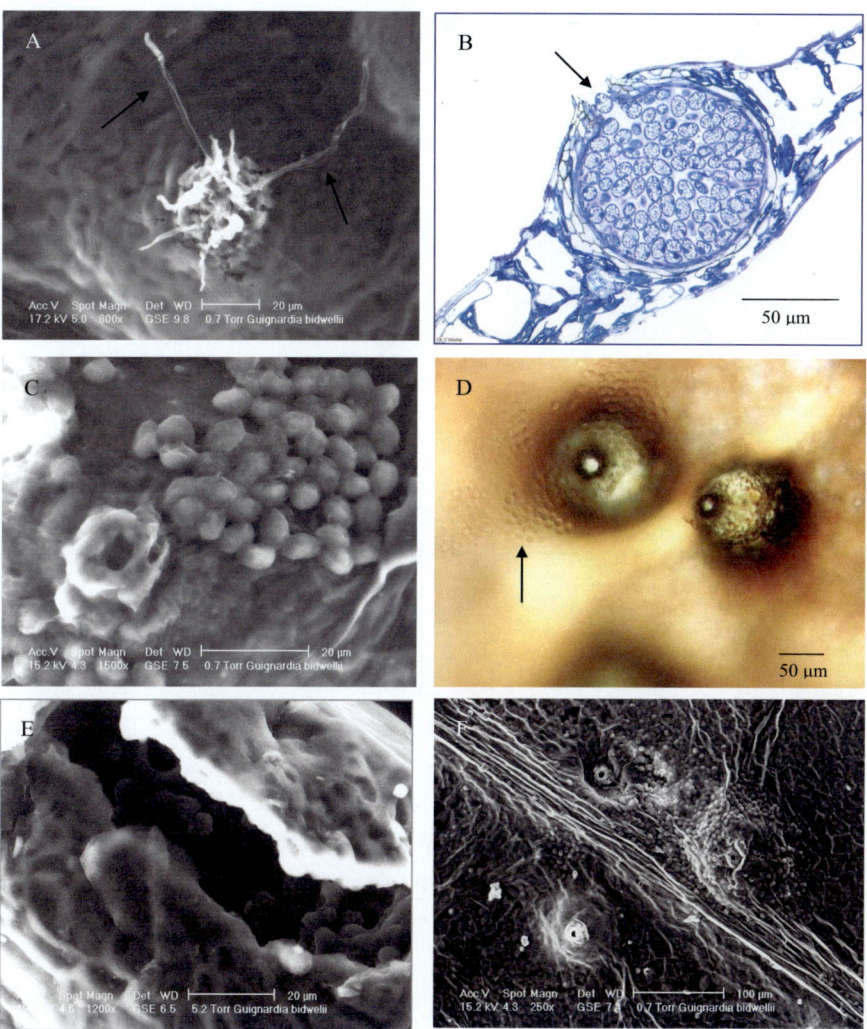

Abbildung 37: Erscheinungsbild der Konidien von *G. bidwellii* zu unterschiedlichen Entwicklungszeitpunkten der Sporenentlassung.

A: eine sich öffnende Pore mit Periphysen (Pfeil)
B: Querschnitt durch ein Pyknidium mit einer Konidie in der Pore (Pfeil), Durchlichtmikroskopie, Toluidinblau
C: Pore und Konidien aus einem Pyknidium, die von einer Matrix umgeben sind, Rasterelektronenmikroskop
D: auf einem Rebenblatt quellen aus den Pyknidien die Konidien (Pfeil) hervor
E: eine leere Pyknidie, die unter dem Druck aufgerissen ist
F: Pflanzenoberfläche, entlang einer Hauptader verlaufen die Pyknidien, teils sind sie schon entleert, teilweise fließen die Konidien noch runter, Rasterelektronenmikroskopie

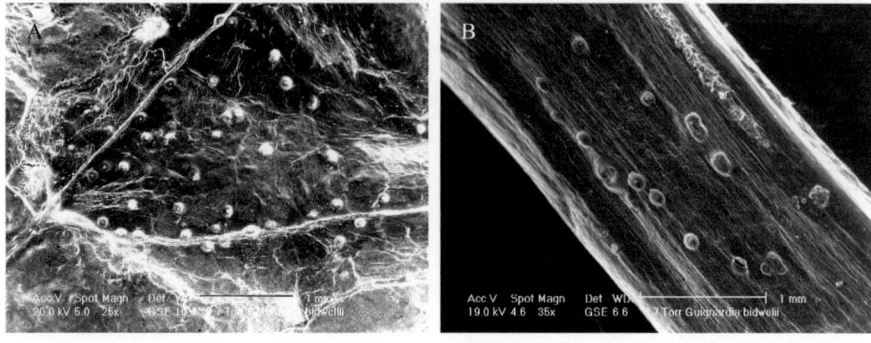

Abbildung 38: Verteilung der Konidien von *G. bidwellii* auf den Rebenblättern und Stengeln. A: zeigt die eingesunkenen Interkostalfelder auf einem Rebenblatt. An den Leitbahnen sind die Konidien verteilt. B: zeigt die Konidien auf dem Stengel, die in Reihe hintereinander platziert sind.

4.7 Vergleichende Untersuchungen zur Wirksamkeit ausgewählter Fungizide auf die Ausprägung von Schadsymptomen durch *Guignardia bidwellii* an Reben

Die Auswirkungen einer Fungizidbehandlung mit verschiedenen Präparaten gegen den Echten Mehltau (*Uncinula necator*) auf die Entwicklung von *Guignardia bidwellii* wurde in einer Klimakammern bei 26 °C durchgeführt. Ziel war es, den Einfluss der Fungizide auf die Befallsstärke von *Guignardia bidwellii* an Reben zu bestimmen. Für die Versuche wurden beide Sorten verwendet, um eine durchschnittliche Befallsstärke ermitteln zu können. Die Applikation erfolgte zu unterschiedlichen Zeitpunkten vor und nach der Inokulation (Tabelle 15). Die Befallsstärke wurde mit dem Boniturschlüssel erfasst und die Ergebnisse sind auf den folgenden Seiten zusammengetragen worden.

Tabelle 13: Übersicht über die ausgewählte Fungizide, deren Aufwandsmenge und Zeitpunkt der Behandlung für die unterschiedlichen Fungizidversuche

Name	Wirkstoff	Aufwandsmenge	Zeitpunkt der Behandlung
Flint ®	Trifloxystrobin	Basisaufwand, ½ Basisaufwand	24 h, vor I., gleichzeitig, 24 h 48 nach Inokulation
Castellan ®	Fuquinconazol	Basisaufwand, ½ Basisaufwand	24 h, vor I., gleichzeitig, 24 h 48 nach Inokulation
Kumulus ®	Schwefel	Basisaufwand	24 h, vor I., gleichzeitig, 24 h nach Inokulation
KTU	Carporpamid	Basisaufwand	24 h, vor I., gleichzeitig, 24 h nach Inokulation
Fortress ®	Quinoxyfen	Basisaufwand	24 h, vor I., gleichzeitig, 24 h nach Inokulation

4.7.1 Schadsymptome nach nicht systemischer Applikation

Die Untersuchungen zur Fungizidbehandlung 24 Stunden von Inokulation der Reben ergaben, dass Schwefel, Azol, Strobilurine und Carpropamid eine gute protektive Wirkung gegen *Guignardia bidwellii* zeigten (Abb. 40 A). Einzig Quinoxyfen zeigte keine gute protektive Wirkung. 18 Tage nach Inokulation zeigten sich die ersten Symptome. Quinoxyfen zeigte eine signifikante Reduzierung des Schadbilds, aber einen Befall konnte dieses Mittel nicht verhindern. Die anderen Fungizide sorgten dafür, dass bis 4 Wochen nach Inokulation keine Symptome sichtbar wurden. Wurde die Aufwandsmenge reduziert zeigten sich die ersten Symptome zwischen dem 14 und 18 Tag (Abb. 40 B). Dieser Befall war immer noch signifikant tiefer als die Kontrolle. Es wurde kein signifikanter Unterschied zwischen den Präparaten Fluquinkonazol und Trifloxystrobin festgestellt.

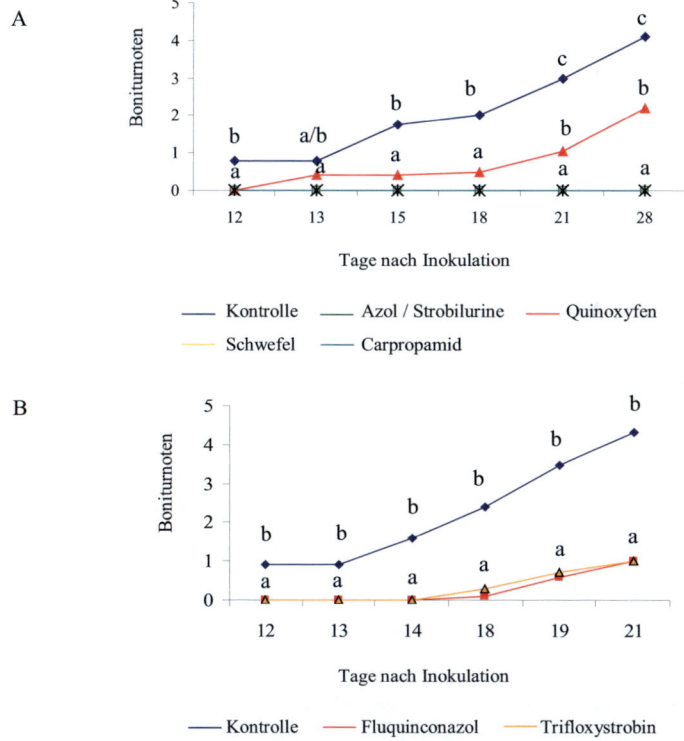

Abbildung 39: Einfluss von Fungiziden auf die Entwicklung von *Guignardia bidwellii* an Reben, A = Basisaufwand; B = ½ Aufwandsmenge. Die Applikation erfolgte 24 Stunden vor Inokulation. (n = 5, gleiche Buchstaben kennzeichnen keine signifikanten Unterschiede an einem Tag nach Tukey p = 0,05)

4.7.2 Schadsymptome nach zeitgleicher Anwendung und Inokulation

In Abbildung 41 ist die Entwicklung von *Guignardia bidwellii* nach paralleler Inokulation und Fungizidapplikatiobn dargestellt. Die Kontrollreben zeigten ab dem 12. Tag nach Inokulation die ersten Anzeichen von Symptomen. Zwischen dem 13. und 15. Tag und wieder ab dem 18. Tag stieg die Kurve steiler an. Es zeigt sich, wie in dem vorherigen Versuch, dass nur das Quinoxyfen eine schwächere Wirkung gegen den Erreger der Schwarzfäule hat. Zwischen dem 15 und 18 Tag zeigten sich auf den Reben die ersten Symptome und nahmen dann stetig zu. Quinoxyfen hat gegen über der Kontrolle eine signifikant reduzierende Wirkung, aber es kann nicht vollkommen vor einem Befall bewahren, es verzögert den Befall.

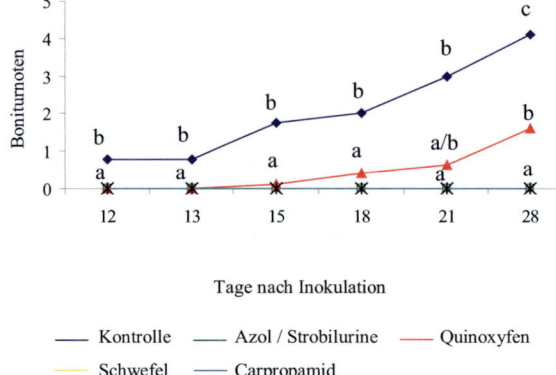

Abbildung 40: Einfluss von Fungiziden auf die Entwicklung von *Guignardia bidwellii* an Reben. Die Inokulation gleich nach der Fungizidapplikation. (n = 5, gleiche Buchstaben kennzeichnen keine signifikanten Unterschiede an einem Tag nach Tukey p = 0,05)

4.7.3 Schadsymptome nach systemischer Applikation

Die bisherigen Untersuchungen wiesen darauf hin, dass die eingesetzten Fungizide eine protektive Wirkung gegen den Pilz hatten. In der Abbildung 42 wurde 48 Stunden und 24 Stunden nach Inokulation ein Fungizid auf die Reben ausgebracht. Die Bonitur erfolgte vom 12. Tag bis zum 21. bzw. 28. Tag. Zum Vorschein kam, dass sowohl Schwefel, Qunioxyfen als auch Carpropamid kaum noch eine verringernde Wirkung auf das Schadbild hatte. Nach 4 Wochen konnte kein signifikanter Unterschied zwischen der Kontrolle und der Fungizidbehandlung erkannt werden (Abb. 42 A). Einzig das Strobilurin und Azol hatte eine gute kurative Wirkung.

Eine Fungizidapplikation 48 Stunden nach Inokulation zeigte, dass das Strobilurin und das Azol seine Wirkung verlor (Abb. 42 B). Die beste Wirkung gegen den Pilz hatte noch das Fluquinconazol. Dieses zeigte eine signifikante Reduzierung des Befalls. Die Kurve stieg erst 14 Tage nach Inokulation an. Vom 14. Tag bis zum Ende der Bonitur stieg die Kurve fast unmerklich an. Danach folgte das Trifloxystrobin mit einer Verminderung des Symptoms. Die Kurve stieg erst flach an bis zum 14. Tag nach Inokulation, dann folgte in den nächsten vier Tagen ein starker Anstieg, der sich dann verflachte bis 21. Tag nach Inokulation. Den geringsten Unterschied zur Kontrolle wurde bei Carpropamid erfasst.

In einer weiteren Variante wurde auch hier die Aufwandmenge des Azols und Strobilurins halbiert und 24 Stunden nach Inokulation appliziert (Abb. 42 C). In dem dargestellten Zeitraum von neun Tagen zeigte sich, dass Trifloxystrobin nur noch eine eingeschränkte kurative Wirkung hatte. Ab dem 14. Tag nach Inokulation nahmen die Symptome auf den Reben zu. Es waren signifikante Unterschiede zwischen der Kontrolle und der Trifloxystrobin Variante auszumachen. Einen 100-prozentigen Schutz, wie das Fluquinkonazol, konnte es aber nicht mehr aufweisen.

4.7.4 Einfluss der Fungizide auf den Blattbefall

Eine erneute Auswertung des Befalls wurde zusätzlich unter zwei neuen Gesichtspunkten gemacht, einmal wurde die befallenen Blätter gezählt und zum anderen die Flecken auf den Blättern. Die Kontrolle zeigte den signifikant stärksten Befall auf. Danach folgte der Befall mit der Behandlung Carpropamid 24 / 48 Stunden nach Inokulation, anschließend folgte das Trifloxystrobin 24 / 48 Stunden nach Inokulation. Die Behandlungen mit Fluquinconazol zeigte einen Befall erst nachdem 48 Stunden nach Inokulation die Behandlung erfolgte. Keinen Blattbefall wies eine gleichzeitige Inokulation und Fungizidbehandlung. Die Behandlung mit Carpropamid wies einen Befall auf, als Applikation 24 Stunden nach Inokulation erfolgte (Abb. 42 A).

Die zweite Auswertung (Abb. 42 B) erfolgte durch Zählung der Flecken auf den Blättern. Bei der Kontrolle hatten die Blätter durchschnittlich 6 Flecken, dabei lag die Spanne bei 2 – 10 Flecken pro Blatt. Die Behandlung mit Trifloxystrobin zeigte 2-3 Flecken pro Blatt, dabei zeigten sich keine Unterschiede beim Zeitpunkt der Behandlung. Die signifikant häufigsten Flecken wies eine Behandlung mit Carpropamid 48 Stunden nach Inokulation auf. Fluquinconazol zeigte erst in der Variante 48 Stunden nach Inokulation durchschnittlich 3

Flecken pro Blatt auf. Zu diesem Zeitpunkt konnte kein signifikanter Unterschied zwischen den Varianten Trifloxystrobin und Fluquinconazol ausgemacht werden.

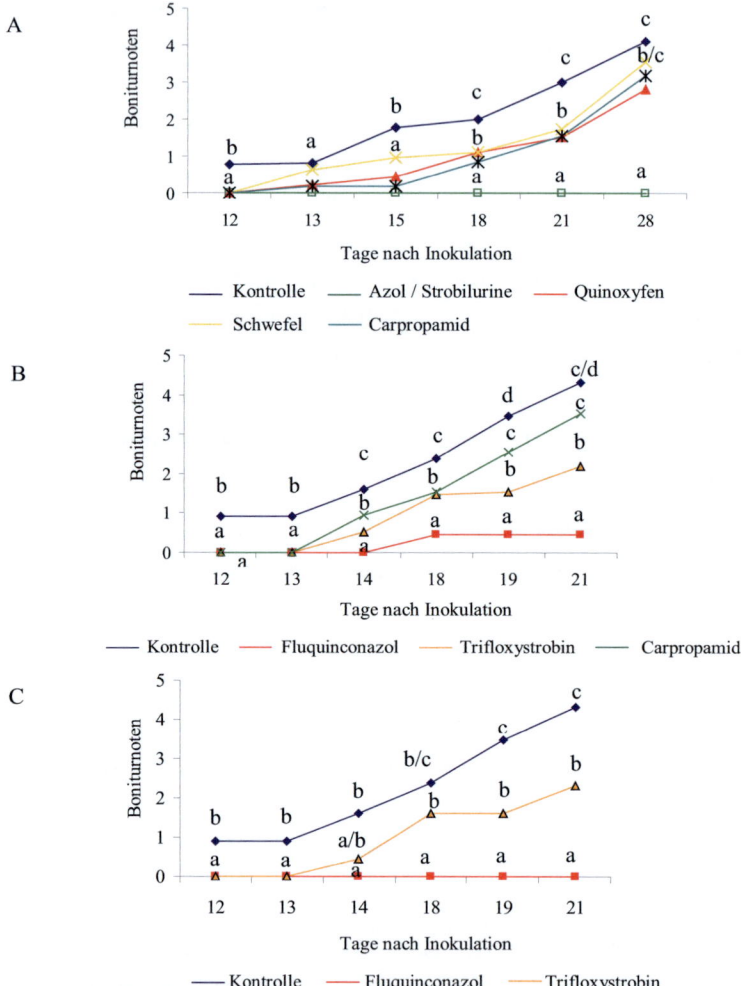

Abbildung 41: Einfluss von Fungiziden auf die Entwicklung von *Guignardia bidwellii* an Reben, A = Basisaufwand 24 Stunden nach Inokulation; B= Basisaufwand 48 Stunden nach Inokulation und C = ½ Aufwandsmenge 24 Stunden nach Inokulation. (gleiche Buchstaben kennzeichnen keine signifikanten Unterschiede an einem Tag nach Tukey, n = 5, p = 0,05).

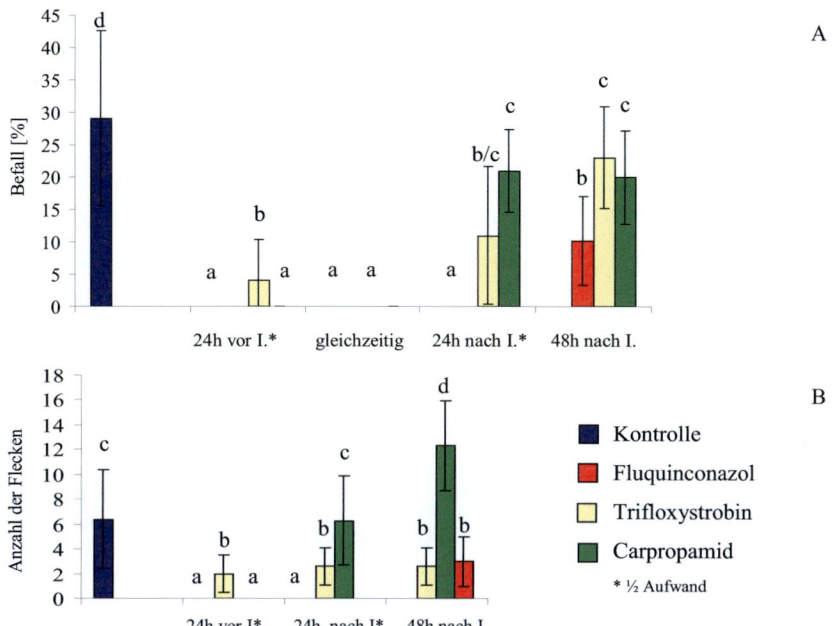

Abbildung 42: Einfluss von Fungiziden auf die Entwicklung der Symptome von *Guignardia bidwellii* an Reben, A = Anzahl der befallenen Blätter; B = Anzahl der Flecken pro Blatt. (gleiche Buchstaben kennzeichnen keine signifikanten Unterschiede pro Variante nach Tukey-Test, n = 5, p = 0,05).

4.8 Einfluss der Temperatur auf die Verteilung von *Guignardia bidwellii* mit dem Programm CLIMEX® und Darstellung der Risikogebiete mit Hilfe von ArcGIS® in Europa

In den vorherigen Untersuchungen zur Temperatur wurde gezeigt, dass es sowohl einen Einfluss der Temperatur auf die Entwicklung von *Guignardia bidwellii*, als auch, dass es Unterschiede bei den Sorten 'Chardonnay' und 'Müller-Thurgau' in der Empfindlichkeit gab. Im nächsten Schritt sollen nun die Daten mit dem Programm CLIMEX® dargestellt werden, damit an Hand der entstandenen Karten neue Ausbreitungsgebiete bildlich dargestellt werden können. Dann folgen in einem weiteren Schritt die Anbaugebiete, die mit dem Programm ArcGIS® dargestellt werden. Mit Hilfe der beiden Programme sollen neue Etablierungsgebiete ausfindig gemacht werden. Abschließend wurde im Programm CLIMEX® verschiedene mögliche Klimaszenarien simuliert, um die Auswirkungen eines Klimawandels auf die Ausbreitung von *G. bidwellii* vorzustellen.

4.8.1 Darstellung der heutigen Klimabedingungen für den Erreger der Schwarzfäule

Für die Karten wurden die wichtigsten Daten zu Temperaturminimum, -optimum und -maximum zusammengetragen. Eine hohe Luftfeuchtigkeit war eine Grundvoraussetzung für eine erfolgreiche Infektion, daher wurde sie sehr hoch eingestellt und nicht verändert. Danach wurde der „Ecoclimatic Index" mit Hilfe des Programms berechnet. Dieser Wert berechnet die günstigen Wachstumsbedingungen und die Stress auslösende Faktoren für das jeweilige Pathogen. Am Ende werden die Gebiete angezeigt, in denen sich der Erreger auf Grund der klimatischen Bedingungen etablieren und sich vermehren kann. In der Tabelle 14 sind die Klimadaten für den Pilz zusammengefasst. Sie umfassen die Temperatur, Luftfeuchte, Wachstumsdauer und die Stress auslösenden Temperaturen und Bedingungen. Diese Daten wurden dann für den Pilz in das Programm eingegeben. Die Daten zu den veränderten Klimabedingungen laut Literatur sind in Tabelle 15 für die jeweiligen Szenarien dargestellt worden. Diese Daten wurden in die CLIMEX® Wetterkarten zur Berechnung der klimatischen Bedingungen eingegeben.

Tabelle 14: Parameter von dem Pathogen *Guignardia bidwellii* für das Programm CLIMEX® 2.0

Temperature Index					
DV0	DV1	DV2	DV3		
7	10	25	35		
Moisture Index					
SM0	SM1	SM2	SM3		
0.1	0.4	0.7	1.5		
Light Index (not used)					
Diapause Index (not used)					
Cold Stress					
TTCS	THCS	DTCS	DHCS	TTCSA	THCSA
0	0	15	-0.0001	0	0
Heat Stress					
TTHS	THHS	DTHS	DHHS		
35	0.002	0	0		
Dry Stress					
SMDS	HDS				
0.02	-0,05				
Wet Stress					
SMWS	HWS				
2.5	0.00015				
Cold-Dry Stress (not used)					
Cold-Wet Stress (not used)					
Hot-Dry Stress					
TTHW	MTHD	PHD			
35	3	0.005			
Hot-Wet Stress (not used)					
Day-degree accumulation above DV0					
DV0	DV3				
7	35				
Day-degree accumulation above DV3					
DV3	DV4				
35	100				
Day-degree accumulation above DVCS					
DVCS	DV4				
12	100				
Degree-days per Generation					
PDD					
300					

Tabelle 15: Veränderung der Temperaturszenarien für das Programm CLIMEX®2.0 nach der Literatur

	bis 1989	1990-2008	2009- 2059	2060-2100
Temperatur	-	+ 1 °C	+ 2 °C	+ 5 °C
Regenereignisse	-	-	- 10 %	- 5 %

Werte unter 30 zeigen Gebiete mit einer geringen Chance auf eine Etablierung an. Mit steigender Zahl nimmt die Wahrscheinlichkeit zu, dass auf Grund der Klimabedingungen der Erreger sich dort etablieren kann. In der Abbildung 44 sind die Klimabedingungen bis in die 90iger Jahre des letzten Jahrhunderts dargestellt. Die mögliche Verteilung beschränkt sich auf die südlichen Gebiete von Europa, vor allem Portugal, Südfrankreich, Sizilien und Norditalien. In Westdeutschland sind die Gebiete ganz schwach rot eingefärbt. Das bedeutet, dass der Pilz vorkommen kann, aber es ist abhängig von der Witterung im Jahr, zu einer ernsten Gefahr wird er in den nördlichen Gebieten von Europa nicht. Durch die steigende, jährliche Temperatur verschiebt sich das Bild immer weiter (Abb. 45). Es ergeben sich deutlich mehr Gebiete mit einer potentiellen Gefährdung. Die rote Färbung und damit das Infektionspotential wandert immer weiter nach Norden, und es sind bis heute neue Gebiete in ganz Europa hinzugekommen. Die Gefahr in Frankreich, Italien und Deutschland stieg deutlich an, ganz neue Gebiete wie Wales kamen hinzu. Andere Gebiete sind auf Grund ihrer großen Trockenheit und hohen Temperatur heraus gefallen, beispielsweise Süden – Mitte Spaniens. In den Küstengebieten von Spanien steigt das Risiko weiter an, es werden vermehrt Gebiete ab einem Wert von über 50 angezeigt. Richtung Osteuropa nimmt das Risiko deutlich ab.

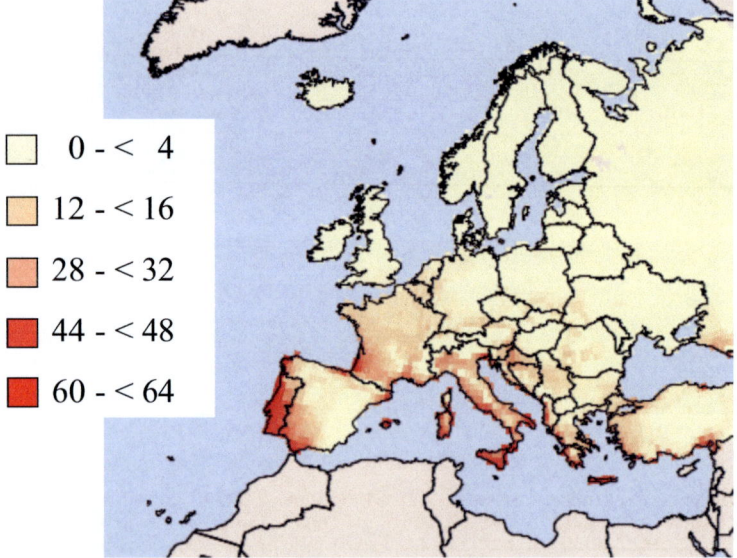

Abbildung 43: Räumliche Heterogenität des „Ecoclimatic Index" von *G. bidwellii* bis in die 90iger Jahre des letzten Jahrhunderts. Gelbe Farbe zeigt an, dass es keine Infektionsbedingungen gibt und rote Farbe zeigt an, dass es die Möglichkeit einer Infektion gibt.

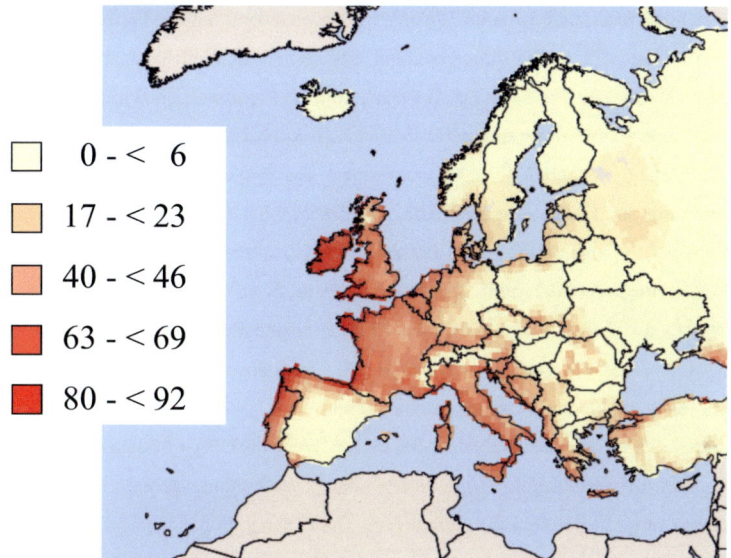

Abbildung 44: Räumliche Heterogenität des „Ecoclimatic Index" von *G. bidwellii* von 90iger Jahre des letzten Jahrhunderts bis heute. Gelbe Farbe zeigt an, dass es keine Infektionsbedingungen gibt und rote Farbe zeigt an, dass es zu einer Infektion kommt, wenn der Erreger vorkommt.

4.8.2 Einfluss des Klimawandels auf die Ausbreitung und Etablierung

Um die Veränderungen beim Klimawandel sichtbar zu machen, wurde in den folgenden Abbildungen für den „Ecoclimatic-Index" CLIMEX®-Karten von der Situation in 90iger Jahren bis zu einer durchschnittlichen Temperaturerhöhung von 5 °C dargestellt. Auf den Karten (Abbildung 46 - 48) wurden die Verteilungen von *Guignardia bidwellii* in Europa für die unterschiedlichen klimatischen Bedingungen abgebildet. In den 90iger Jahren des letzten Jahrhunderts gab es ein geringes Risiko, wenige Flächen zeigen eine rote Einfärbung. Vor allem Gebiete in Portugal, Südwesten von Spanien in der Gegend von Gibraltar, Sizilien, Süditalien und Teile von Griechenland wiesen Werte von 60 – 64 auf. Das heißt, in diesen Gebieten könnte sich der Pilz auf Grund der klimatischen Voraussetzungen über das ganze Jahr etablieren. Doch die Werte sind noch deutlich unter 100 (Abb. 46). In der folgenden Abbildung verändert sich das Bild deutlich, die Skala geht schon bis 92, d.h. dass sich der Erreger dort, unter Berücksichtigung der erhöhten Temperatur, festsetzen kann.

Die Temperatur wurde angepasst, indem sie im Durchschnitt um 1 °C erhöht wurde. Die Verfärbung zeigt deutlich, dass sich das Ausbreitungsgebiet Richtung Nord-Osten verschoben hat. Große Gebiete in Spanien sind nicht mehr betroffen. Dafür ist ganz Frankreich ein mögliches Etablierungsgebiet, und auch im Westen von Deutschland hat die Gefahr deutlich zugenommen. Ferner ist das Gefährdungspotential für Italien deutlich angestiegen. Bei Griechenland gab es kaum eine Veränderung. Ganz neu hinzugekommen sind Wales, England und Schottland als neue Etablierungsländer für den Pilz *G. bidwellii*. Für Dänemark besteht ein moderates Gefährdungspotential. Diese Verschiebung des Risikogebietes setzt sich mit zunehmender Erhöhung der Temperatur fort (Abb. 47). Dabei wird immer deutlicher, dass in Ländern wie Portugal, Spanien und auch Italien oder Griechenland eine Tendenz zur Abnahme des Etablierungspotentials gibt. Hingegen steigt im Nord-Westen von Europa das Risiko immer stärker an. Selbst in Ländern wie Norwegen und Schweden gibt es in den Küstengebieten die Gefahr einer Etablierung. In Mitteleuropa wird es immer wahrscheinlicher, dass sich der Pilz etablieren kann. Von Wales, England, Belgien, Niederlande bis zum Süden von Deutschland steigen die Werte auf 70 – 100 an. Sogar auf Island befinden sich auf Grund der Temperaturerhöhung Gefährdungsgebiete. Durch die Temperaturerhöhung steigt in Ländern die Gefahr einer Etablierung, in denen es in den Jahren zuvor durch die kalten Winter und die geringen Jahresdurchschnittstemperaturen keine Möglichkeit des Überlebens für den Pilz gab. Dagegen sinkt das Risiko rund ums Mittelmeer, weil dort die Temperaturen für den Erreger zu hoch werden, und die benötigte Luftfeuchtigkeit über einen ausreichenden Zeitraum nicht mehr gewährleistet wird.

In den Abbildungen 47 und 48 erkennt man deutlich, dass in den Nicht-Etablierungsgebieten das Klima sich in ein semi-arides wandelt, d.h. auf Grund der Trockenheit kann der Pilz sich dort nicht mehr etablieren, da er hohe Luftfeuchtigkeit braucht, um erfolgreich infizieren zu können. Durch den Klimawandel wird es in großen Teilen von Spanien zu trocken, die Niederschläge gehen zurück. Steigt die Temperatur um 5°C im Jahresdurchschnitt zeigen sich auch in anderen Gebieten in Europa unvorteilhafte Bedingungen. Die Etablierungswahrscheinlichkeiten sinken in Spanien, Ostdeutschland, Griechenland und rund ums Schwarzes Meer.

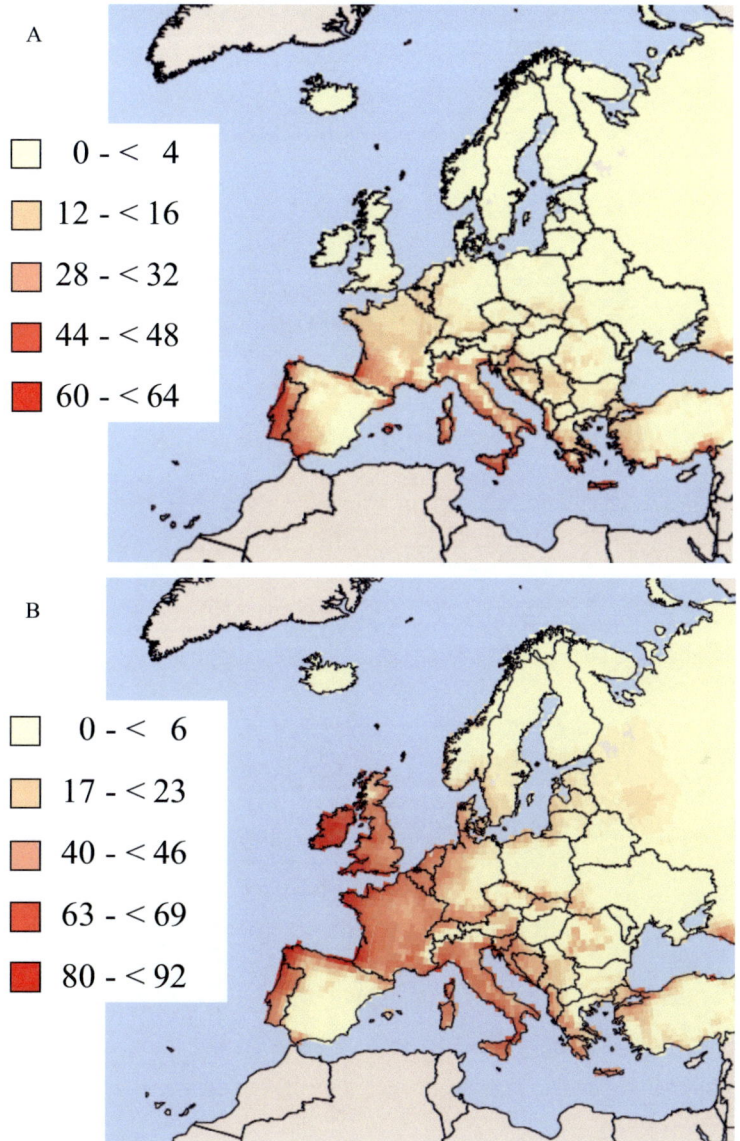

Abbildung 45: Räumliche Heterogenität des „Ecoclimatic Index" von *G. bidwellii* bis in die 90iger Jahre des letzten Jahrhunderts A) und bis in die heutige Zeit B). Gelbe Farbe zeigt an, dass es keine Infektionsbedingungen gibt und rote Farbe zeigt an, dass es die Möglichkeit einer Infektion gibt.

Ergebnisse

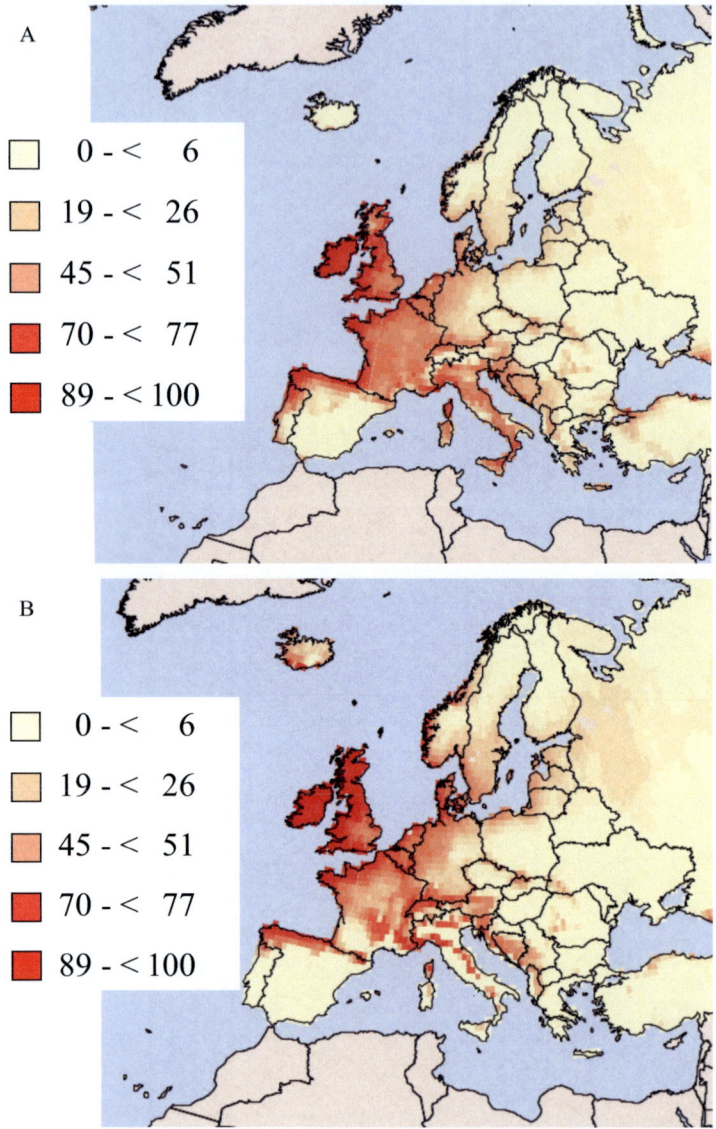

Abbildung 46: Räumliche Heterogenität des „Ecoclimatic Index" von *G. bidwellii* in den nächsten 50 Jahren bei einem durchschnittlichen Temperaturanstieg von + 2 °C gegenüber 1990 A) und bis 2100 B). Gelbe Farbe zeigt an, dass es keine Infektionsbedingungen gibt und rote Farbe zeigt an, dass es die Möglichkeit einer Infektion gibt.

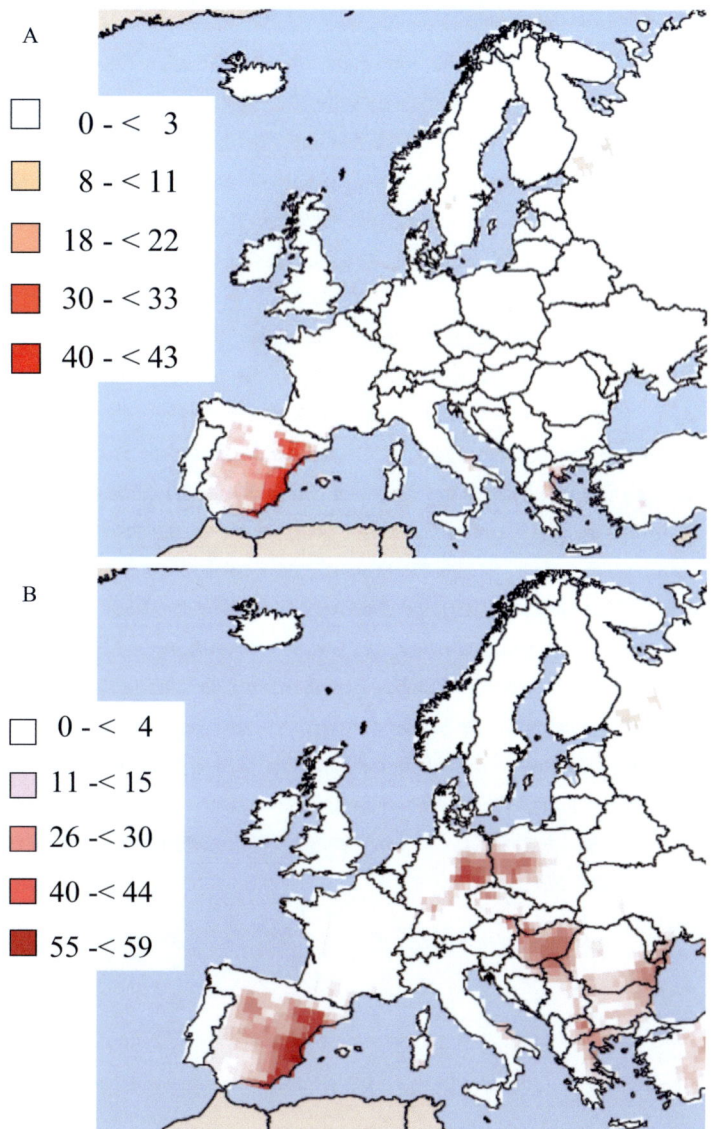

Abbildung 47: Räumliche Darstellung der semi-ariden Gebiete in Europa bei einem Temperaturanstieg von + 2 °C (A) und 5 °C (B) gegenüber heute. Weiße Farbe zeigt an, dass es keine semi-ariden Gebiete gibt und rot-braune Farbe zeigt an, dass dort semi-aride Gebiete auftreten werden.

4.8.3 Darstellung der Risikogebiete

Ein Risikogebiet für den Erreger ist nicht nur durch die klimatischen Bedingungen charakterisiert, sondern auch durch die Anbauflächen seiner Wirtspflanze. Eine Etablierung erfolgt nur dort wo die spezifische Wirtspflanze vorkommt. Für den Erreger *Guignardia bidwellii* wurden in den vorangegangenen Abbildungen gezeigt, wie er sich unter veränderten Klimabedingen ausbreiteten kann. Nun sollen die Risikogebiete in Europa dargestellt werde, indem den klimatischen Bedingungen die Anbaugebiete gegenüber gestellt werden.

In der Abbildung 49 sind wieder die heutigen, vorherrschenden Bedingungen dargestellt worden, in der Abbildung 49 sind die Anbaugebiete durch die grünen Punkte in der Europakarte markiert worden. Im Norden von Portugal befinden sich größere Weinanbaugebiete in denen sich der Erreger auf Grund der klimatischen Bedingungen etablieren könnte. Weitere Gegenden wären um Barcelona, im Süden an der Mittelmeerküste zu finden. Dort wird auch intensiv Weinbau betrieben, genauso wie in der Provence. Auf Sizilien befinden sich auch große Weinanbaugebiete, diese bieten gute klimatische Bedingungen für den Erreger [Abb. 49/ III], genauso wie in Griechenland auf Kreta. In Deutschland wäre vor allem der Westen betroffen, wie Baden-Württemberg und Rheinland-Pfalz [Abb. 49/ II]. Regionen in denen viel Weinbau betrieben wird. In Wales gäbe es auch günstige klimatische Bedingungen, aber das Risiko dort wäre als eher gering einzuschätzen, da dort kein intensiver Weinbau betrieben wird. In der Mitte und Süden von Spanien würde *Guignardia bidwellii* sich auf Grund der Kultivierung der Wirtspflanze etablieren können, aber die klimatischen Bedingungen wären für den Erreger nicht geeignet sein für eine erfolgreiche Etablierung [Abb. 49/ I].

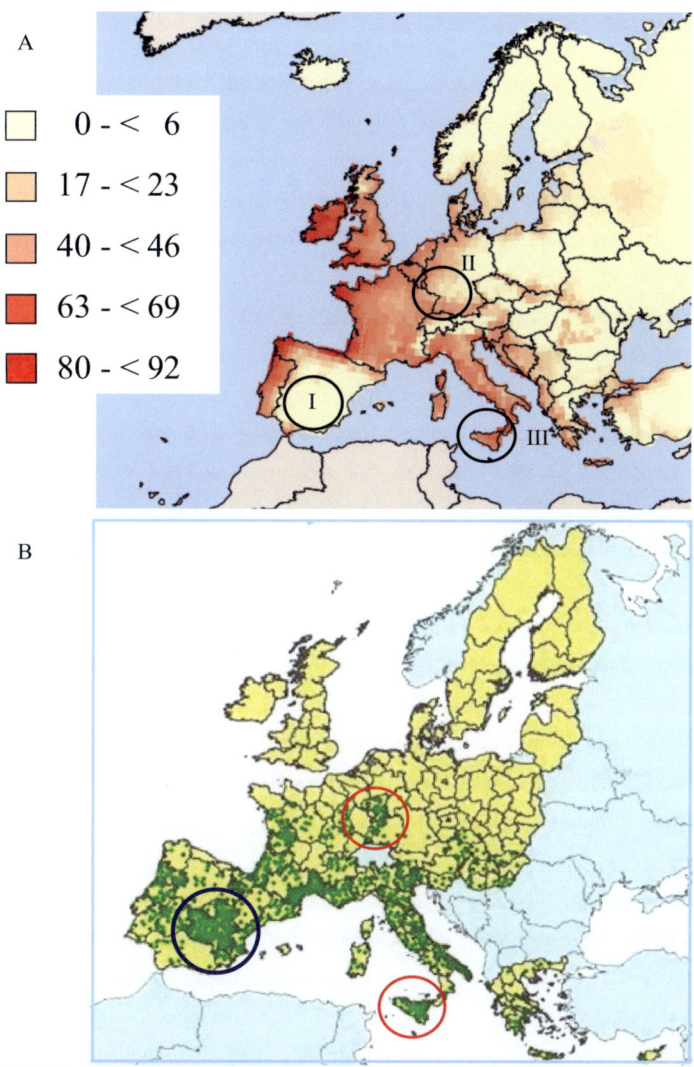

Abbildung 48: A) Räumliche Heterogenität des „Ecoclimatic Index" von *G. bidwellii* unter den heutigen Bedingungen. Gelbe Flächen zeigt keine optimalen Infektionsbedingungen und bei roten Flächen kann es zu einer Infektion kommt, wenn der Erreger in diesem Gebiet vorkommt. [I keine klimatisch günstigen Bedingungen, II mäßig gute klimatische B.; III günstige klimatische B.] B) Räumliche Heterogenität des Rebenanbaus in Europa. Jeder grüne Punkt stellt einen Ertrag von 2000 Tonnen geernteter Trauben da. Blaue unterlegte Länder sind nicht in der Europäischen Union. Gelbe Flächen ohne grünen Punkt sind Länder die in der EU sind, aber bis 2006 keine nennenswerten Erträge an die FAO gemeldet haben.

○ risikoreiche Gebiete
○ risikoarme Gebiete

5 Diskussion

In den Jahren 2003 bis 2005 sorgte ein bis dahin kaum beachteter Pilz im deutschen Weinbau für große wirtschaftliche Schäden: *Guignardia bidwellii* der Erreger der Schwarzfäule an Reben. Bis dahin war dieser Pilz mehr aus den mediterranen Gebieten Europas bekannt und sorgte dort für wirtschaftliche Einbußen. Das Risiko für eine Infektion durch den Pilz wurde für die gemäßigten Klimazonen als sehr gering eingeschätzt. Doch durch den fortschreitenden Klimawandel haben sich die Klimazonen verändert und damit wurde der Raum für neue Etablierungsgebiete geschaffen, vor allem das Mikroklima in einzelnen Regionen hat sich verändert. In der vorliegenden Arbeit sollte das Risiko für eine Ausbreitung von *Guignardia bidwellii* in Europa untersucht werden. Im ersten Teil der Arbeit wurden *in vitro*, *in vivo* Tests und mikroskopische Untersuchungen zum Infektionsprozess an Reben in Abhängigkeit von Sorte, Licht und Temperatur durchgeführt, um den genauen Zeitablauf der einzelnen Entwicklungsstufen von *G. bidwellii* zu erfassen. Um die Infektionsstrukturen genauer zu untersuchen, wurden zusätzlich Untersuchungen auf Modelloberfläche durchgeführt.

Im zweiten Teil wurden mit CLIMEX v. 2.0® die Etablierungsgebiete auf Grund der klimatisch günstigen Bedingungen berechnet, um sie dann mit den Weinbaugebieten, die in ArcGis 9.1® dargestellt wurden, abzugleichen. Zum Schluss wurden verschiedene klimatische Szenarien für eine Temperaturerhöhung, die der Literatur entnommen wurden, für die Zukunft simuliert. Mit Hilfe der ausgegebenen Karten wurden die Risikogebiete für eine Etablierung des Erregers in Europa dargestellt.

Für die Arbeit standen <u>fünf verschiedene Isolate</u> von *G. bidwellii* aus Weinanbaugebieten in Rheinlandpfalz und Bernkastel-Kues sowie von der DSMZ (Braunschweig) zur Verfügung. Diese wurden mittels der ITS-Sequenzierung verglichen. Alle 5 Isolate konnten eindeutig dem Erreger der Schwarzfäule *Guignardia bidwellii* zugeordnet werden. Um die Isolate hinsichtlich ihrer Wachstumseigenschaften genauer zu charakterisieren, wurden sie auf verschiedenen Medien angezogen. Dabei wurde das Wachstum auf CZID-Agar, Haferagar, Maisagar, PDA mit und ohne Antibiotika, Traubensaftagar und Wasseragar untersucht. Diese Untersuchungen dienten dem Vergleich der saprophytischen Phase der fünf Isolate von *Guignardia bidwellii*.

Bei den fünf *G. bidwellii* Isolaten stellte sich heraus, dass das beste <u>Wachstum</u> auf Traubensaftagar zu verzeichnen war. Das Medium hatte einen pH-Wert von 5,5. Bei Caltrider

(1960 und 1961) wurde das Medium aus ganzen Trauben gewonnen und auf einen pH-Wert von 4,5 eingestellt. Das Medium, das laut Literatur am häufigsten verwendet wurde für *G. bidwellii*, war PDA (Shaw et al., 1998; Kummuang et al., 1996; Kuo & Hoch 1995/ 1996), daneben wurde noch Malzagar von Luttrell (1948) getestet. PDA hat einen pH-Wert von 5,9 und liegt damit über dem von Traubensaftagar. Ein vermindertes Wachstum war die Folge. Nur beim Traubensaftagar zeigten alle Isolate die höchsten Zuwachsraten. Dieses Medium kam den natürlichen Bedingungen auf Trauben am nächsten, sowohl in der stofflichen Zusammensetzung, als auch beim pH-Wert. In Studien von Caltrider (1961) wurde bewiesen, dass reife Trauben die besten Wachstumsraten des Pilzwachstums hervorriefen. In den zugrunde liegenden Studien zeigte sich für alle fünf Isolate, dass je näher das Medium an die natürlichen Bedingungen heranreichte, desto besser wurde das Myzelwachstum. Das beweist, dass der Pilz sich an seine Wirtspflanze gut angepasst hat. Er ist auf die sehr spezifischen Inhaltsstoffe der Trauben angewiesen. Das konnte man deutlich am besseren Wachstum feststellen. Dieses war unabhängig vom verwendeten Isolat.

Eine Besonderheit bei den Wachstumstests stellte sich bei dem Isolat der DSMZ heraus. Dieses wuchs signifikant schlechter bei dem verwendeten PDA-Medium. Dagegen wuchs der Pilz von der DSMZ auf Wasseragar signifikant besser als alle anderen Isolate. Der Pilz der DSMZ wird auf wildem Wein (*Parthenocissus tricuspidata*) kultiviert. Dies könnte die Unterschiede im Wachstumsverhalten zu den anderen Isolaten erklären, die auf Reben oder Trauben kultiviert werden.

In einem nächsten Schritt wurde der pH-Wert von Traubensaftagar in einem Bereich von 4 – 7 getestet. Im Gegensatz zu *Alternaria dauci* war das Optimum im radialen Zuwachs nach drei Wochen bei *G. bidwellii* in einem pH-Wert Bereich von 4 – 5. Bei *A. dauci* lag der Optimumsbereich bei 6 – 6,5 (Strandberg, 1987). Die Isolate unterschieden sich bei den verschiedenen pH-Wert nicht deutlich. Bei allen Isolaten war das Wachstum im sauren Bereich besser, was dem pH-Wert von Trauben von ca. 4 eher entspricht. Außerdem unterschied sich das Wachstum signifikant je nachdem, ob die Platten unter Lichteinfluss standen oder nicht. Ohne Licht konnte ein höheres, radiales Wachstum gemessen werden, sowohl auf Maisagar als auch auf PDA. Diese Beobachtung weist Parallelen zu *Alternaria alternata* auf, der ein ähnliches Verhalten zeigt (Hatzipapas, 2002).
Es folgten weitere Untersuchungen zum Einfluss der Temperatur auf das Wachstum des Pilzes. Es stellte sich heraus, dass sich zunächst der Einfluss der Temperatur beim Wachstum

auf PDA Platten stärker auswirkte als bei Maisagar. Der Optimalbereich lag beim Wachstum auf Maisagar bei 20/ 25 °C und auf PDA bei 30 °C. In eigenen Untersuchungen konnte gezeigt werden, dass die unterschiedlich zusammengesetzten Medien einen Einfluss bei Wachstum bei verschiedenen Temperaturen hatte. In der Literatur wird von einem optimalen Temperaturbereich von 25 °C gesprochen (Shaw et al., 1998; Kuo & Hoch, 1995; Hoffman et al., 2002; Caltrider, 1961; Lilly, 1949). Diese Angaben decken sich mit *A. alternata*, der das gleiche Temperaturoptimum hat (Hatzipapas, 2002). Ähnlichkeiten gibt es mit *Gibberella circinata* an Pinien. Dieser Pilz zeigte ein sehr langsames radiales Wachstum auf künstlichen Medien bei 10 °C. Es steigerte sich im Temperaturbereich von 15 – 20 °C und hatte die besten Zuwachsraten bei 25 °C (Inman et al., 2008). Doch eine verbesserte Konidienbildung konnte bei keiner der Temperaturen beobachtet werden wie von Caltrider (1961) beschrieben wurde. In seinen Versuchen wurden die meisten Konidien bei einer Temperatur von 20 °C und 30 °C bei Tag-/ Nachtrhythmus gebildet. Dieser Zusammenhang konnte in den vorliegenden Studien mit den fünf Isolaten nicht nachgewiesen werden. Die optimalen Bedingungen für ein Myzelwachstum von *G. bidwellii* waren Temperaturen zwischen 25 – 30 °C und ein pH-Wert von 4 – 5. Das optimale Medium war Traubensaftagar. Selbst unter Verwendung von UV-Licht (Hoffmann, 2003; Shaw et al., 1998; Kuo & Hoch 1995 / 1996; Spotts, 1980; Spotts, 1977a) konnte keine ausreichende Sporulation auf Platte erreicht werden. Auf keinem der verwendeten Medien wurde eine ausreichende Menge an Konidien für eine Inokulation produziert. Laut Shaw et al. (2006) ist die Gattung *Phyllosticta spp.* schwierig in ihrer Erhaltung unter Laborbedingungen. Unter Laborbedingungen stellte es sich als sehr schwierig heraus, den Pilz zur Sporulation zu bringen.

Alle fünf Isolate zeigten ein mehr oder weniger gleiches Wachstumsverhalten *in vitro*. Sie unterschieden sich nicht in ihrer saprophytischen Phase. Im nächsten Schritt sollten die Infektionsstrukturen des Pilzes genauer charakterisiert werden. Dazu wurden *in vivo* Untersuchungen zur Keimung, zum Keimschlauchwachstum und zur Appressorienbildung bei verschiedenen Temperaturen und bei Licht/ Dunkelheit auf Modelloberflächen (Polystyren) durchgeführt. Dieses wurde untersucht, um frühe Infektionsstadien des Pilzes genauer beobachten zu können. Die neu gewonnen Daten zum zeitlichen Ablauf der Infektion in Abhängigkeit der Temperatur wurden für das Programm CLIMEX® gebraucht.

Es bestätigte sich, wie schon bei Shaw et al. (2006) beschrieben, dass Polystyren für diese Untersuchungen die geeignete Oberfläche war. Auf dieser Oberfläche konnten die Konidien von *G. bidwellii*, wie auch von *Stagonospora nodorum* am besten hafteten auf Grund der höheren Adhäsion auf Polystyren (Shaw et al, 2006; Chaky et al., 2001 ; Kuo & Hoch, 1995). Es kam nur bei der Verwendung einer hydrophoben Oberfläche zu einer raschen Bindung wie auch bei anderen Studien an *S. nodorum* und *M. grisea* von Newey (2007) und Braun & Howard (1996) beobachtet werden konnte. Schon nach ein paar Minuten haftet der Pilz auf diesem Material. Laut Shaw et al., (2006) ist die Adhäsion der Auslöser der Keimung von *G. bidwellii*. Diese Strategie ist für ihn überlebenswichtig, da er mit Wind und Wasser verbreitet wird. Ein schnelles Anhaften bedeutet einen Konkurrenzvorteil (Newey, 2007). Doch konnte in diesen Versuchen bewiesen werden, dass auch Temperaturen über 8 °C benötigt wurden. Ferner bildete der Pilz eine extrazelluläre Matrix, die die Anhaftung noch begünstigte. Diese Matrix konnte bei mikroskopischen Untersuchungen für *G. bidwellii* nachgewiesen werden, wie von Braun und Howard (1994) für *M. grisea*. Ein weiterer Konkurrenzvorteil gegenüber anderen Blattpathogenen, die diese Matrix nicht bilden.

Um die optimalen Bedingungen für die Infektionsstrukturen zu ermitteln, wurden Temperaturversuche durchgeführt. Dabei stellte sich heraus, dass bei 4 °C keine Keimung gemessen werden konnte, wie z.B. für *S. nodorum*. Die Temperatur beeinflusste nicht die Adhäsion auf der Oberfläche, aber die Keimung, sowohl bei *G. bidwellii* als auch bei *S. nodorum* (Newey, 2007). Ein weiterer Beweis für die Wärmeadaption des Pilzes. Es spricht für seine Herkunft aus wärmeren Gebieten. Dagegen wurde bei *Botrytis allii* an der Zwiebel bei 4 °C Keimung, Myzelwachstum und Sporenproduktion gemessen (Tain & Bertolini, 1995). Bei *Monilia laxa* wurde eine Zunahme im Wachstum schon ab einer Temperatur von 2,5 °C festgestellt. Sporen wurden ab einer Temperatur von 5 °C gebildet (Tamm & Flückiger, 1993). Die Keimung von *Alternaria linicola* fand in einem Temperaturspektrum von 5 – 25 °C statt. Dabei stieg die Keimrate mit ansteigender Temperatur (Vloutoglou et al., 1996). Diese Pilze kommen mit den in Deutschland herrschenden Bedingungen bestens zurecht.

Erste Anzeichen einer Keimung konnten bei *G. bidwellii* bei 8 °C beobachtet werden, 24 Stunden nach Inokulation. Dieses kennzeichnete die Minimaltemperatur. Mit einem Ansteigen der Temperatur wurden die Keimschläuche länger und der Beginn der Keimung verlagerte sich nach vorne. Außerdem nahm die Keimrate bei Temperaturen bis 30 °C zu. Danach fiel diese wieder ab, weil der Optimalbereich, für eine Keimung, überschritten wurde. Der maximale Temperaturbereich für eine Keimung war bei 40 °C. Bei den Untersuchungen von Hatzipapas (2002) lag die Anfangstemperatur für eine Keimung von *A. alternata* mit 15 °C noch höher. Keimung, Keimschlauchwachstum und Appressorienbildung waren bei *G. bidwellii* stark von der Temperatur abhängig. Mit steigenden Temperaturen nahmen Keimrate und Wachstum zu bis zu einer optimalen Temperatur. Unterschiede bei den Pilzen liegen in den Optimum-, Minimum- und Maximum- Temperaturen. So sind die Vorgänge bei *Botrytis allii* temperaturabhängig (Tain & Bertolini, 1995), in den Versuchen wurde der Bereich von 4 – 20 °C betrachtet. Das Temperaturspektrum reichte bei *Monilia laxa* von einer Minimumtemperatur von 2,5 °C über eine optimale Temperatur von 25 °C bis zu einer Maximumtemperatur von 31 °C (Tamm & Flückiger, 1993). Dieser Erreger hat sich an die deutschen Witterungsverhältnisse angepasst, im Gegensatz zu *G. bidwellii*, dessen Keimung durch höhere Temperaturen begünstigt wird.

Mills (1944) und Turner et al. (1986) haben für *Venturia inaequalis* die Abhängigkeit der Keimrate und Appressorienbildung von der Temperatur nachgewiesen. Bei *Gibberella circinata* waren ebenso wie für *G. bidwellii* tiefe Temperaturen der limitierende Faktor (Inman et al., 2008). Hier war allerdings nicht nur die Temperatur ein limitierender Faktor, sondern der Einfluss des Lichts spielte bei der Kultur auf Polystyren eine Rolle. So zeigte sich, dass bei *G. bidwellii* zwar das Keimschlauchwachstum ohne Licht geringer war, aber ein so starker Einfluss des Lichts wie bei dem Myzelplattentest konnte auf hydrophober Oberfläche nicht festgestellt werden.

Bei anderen Pilzen wie *Cercospora kikuchii* konnte ein starker Zusammenhang zwischen der Keimrate und dem Einfluss von Licht festgestellt werden, unter Lichteinfluss war die Keimrate beeinträchtigt (Schuh, 1992). Bei Levy und Cohen (1982) behinderte das Licht die Sporenkeimung von *Exserohilum turcicum* auf Körnern. Sie fanden heraus, dass es drei große Gruppen von Pilzen bei der Keimung unter Lichteinfluss gibt. Die erste Gruppe fasst die Pilze zusammen, bei denen das Licht keinen Effekt hat [z. B. *Erysiphe cichoracearum*]. Die zweite Gruppe umfasst die Pilze die Licht benötigen [z. B. *Physoderma maydis*]. Bei der dritten Gruppe von Pilzen behindert das Licht die Keimung [z. B. *Puccinia graminis* f. sp. *tritici*]. Es hatte einen negativen Einfluss bei den Pilzen *Alternaria solani* und *A. linicola* (Hatzipapas, 2002). Caltrider (1960) und Spotts (1980/ 1977a) gehen beide davon aus, dass sich das Licht negativ auf die Keimung und Infektion auswirkt, daher wäre *G. bidwellii* in die dritte Gruppe, (Licht hat einen negativen Einfluss), einzuordnen. Die Ergebnisse, die auf hydrophober Oberfläche ermittelt wurden, lassen diesen Rückschluss nicht zu. Daher sollte man den Pilz in die Gruppe der lichtneutralen Pilze einordnen. Dies wäre auch ein guter Konkurrenzvorteil in der Natur, da manche Blätter beschattet sind und andere nicht. Doch der endgültige Beweis für diese Einordnung wird an anderer Stelle bei den Tests an Reben erbracht.

Vorher sollte noch die Frage nach den Speicherstoffen geklärt werden. Beim Mikroskopieren konnten bei ungekeimten sowie bei gekeimten Konidien kugelförmige Speicherstoffe identifiziert werden. Durch eine Anfärbung mit Nile red nach Greenspan und Fowler (1985) konnten diese Stoffe als neutrale Lipide identifiziert werden. Bei den Beobachtungen von *G. bidwellii* auf Modelloberfläche konnte festgestellt werden, dass sich die einzelnen Lipidtropfen zusammenlagerten. Mit fortschreitender Zeit wurden in die Keimschläuche kleinere Mengen an Lipiden entlassen, diese bewegten sich dann zum Ende des Keimschlauches. Je länger die Keimung und somit das Keimschlauchwachstum anhielt, desto weniger Lipide wurden in der Konidie nachgewiesen. Das heißt, je länger der Keimschlauch wurde, desto weniger Energie blieb für die Bildung eines Appressoriums und der Eindringung ins Blatt.

Bei den Untersuchungen von Braun und Howard (1989) und Thines et al., (2000) an *Magnaporthe grisea* stellten diese fest, dass im Zeitraum von 24 – 48 Stunden nach Inokulation der Abbau der Lipide schnell voranschritt, ähnlich wie bei *G. bidwellii*. Das Wachstum endete mit der Bildung der Appressorien, bis zu diesem Zeitpunkt wurden fast alle Lipide aus der Konidie verbraucht. Danach muss der Pilz seine Energiereserven aus dem pflanzlichen Gewebe auffüllen. Die Anfärbung wurde schwächer, bis sie nach 48 Stunden Wachstum auf der Modelloberfläche kaum noch zu sehen war. Es konnten nur noch wenige Lipide nachgewiesen werden, weil sich die Energiereserven des Pilzes erschöpften. Das bedeutet, je kürzer die Keimschläuche waren, desto mehr Appressorien wurden gebildet. In anderen Studien konnte bei *M. grisea* eine Verlagerung von Glykogen beobachtet werden nicht bei *G. bidwellii*. Thines et al., (2002) schloss aus der Anwesenheit von Glykogen und den Lipiden, dass dies die Resourcen für eine Glycerolproduktion waren. Durch den Stoff Glykogen dringt das Wasser ein und somit kommt ein hoher osmotischer Druck zustande. Der Druckaufbau sorgt dafür, dass es zu einer Penetration ins Gewebe kommt (Thines et al., 2000; Braun & Howard 1989). Bei *G. bidwellii* konnten Lipide an Hand der Zeitreihe nachgewiesen werden. In den Konidien befanden sich sehr viele Lipide, die nach und nach für die Bildung der Keimschläuche und Appressorien aufgebraucht wurden. Nach der Bildung der Appressorien war der Vorrat an Lipiden auf Modelloberfläche erschöpft.

Shaw (2004) und Kuo & Hoch (1995) zeigten für den Pilz in ihren Untersuchungen, dass es melanisierte Appressorien gibt. Nicht nur Appressorien wurden melanisiert, sondern auch die Keimschläuche. Ein klarer Konkurrenzvorteil für den Pilz, da dies einen Schutz vor UV-Strahlen darstellt. Viele Pilze bilden DHN Melanin (1,8-dihydroxynaphthalene melanin) während der Appressoriendifferenzierung. Dabei ist das Appressorium vollständig melanisiert, bis auf eine Pore, aus der der Infektionskeil für eine Penetration der Wirtszelle hervorgeht (Nosanchuk & Casadevall, 2003). Mit Hilfe von Melanineinlagerungen in der Zellwand an der Grenze zum Cytosol der Appressorien können viele Pilze den Druck aufbauen, der nötig ist, um über den Infektionskeil in ihren Wirt einzudringen, wie *M. grisea*. Der Pilz kann die Kutikula und Epidermiszellen mit Hilfe der mechanischen Kräfte durchdringen (Thines et al., 2000; Kurrahashi & Pontzen, 1998; Bourett & Howard, 1990), *Colletotrichum spp.* (Mendgen et al., 1996) und *A. alternata* (Carzaniga et al., 2002). Die Melanisierung machte es unmöglich den Pilz 72 Stunden nach Inokulation mit einem Farbstoff anzufärben, weil die Melaninschicht eine semipermeable Schicht für die meisten Stoffe bildet. Durch die unterschiedliche Permeabilität des Melanins können Wassermoleküle eindringen, aber gelöste Salze können nicht mehr hinaus diffundieren. Dieses sorgt für den hohen Druck, der die Penetration der Zelle unterstützt. Bei *M. grisea* konnte ein Druck von 80bar nachgewiesen werden. Die Melaninschicht soll den Pilz vor Umwelteinflüssen schützen wie UV-Licht, Hitze, freien Radikalen und Enzymabbau (Nosanchuk & Casadevall, 2003; Carzaniga et al., 2002) Damit verhindert sie auch die Anfärbung der Keimschläuche und Appressorien. Diese Schicht bietet dem Pilz einen besonders guten Schutz, den er bei höheren Temperaturen als Konkurrenzvorteil nutzen kann. Ein weiterer Hinweis auf eine Wärmeadaption des Pilzes und damit auf die Herkunft. Bei *V. inaequalis* wurde ein Melaninring um den Infektionskeil gefunden (Steiner & Oerke, 2007).

Eine erfolgreiche Infektion der Reben von *Guignardia bidwellii* steht im Zusammenhang mit einer ausreichenden Blattnässedauer in Abhängigkeit der Temperatur. Bei verschiedenen Untersuchungen von Caltrider (1960) wurde herausgefunden, dass Umweltfaktoren und die Inhaltsstoffe der Trauben einen Einfluss auf das Myzelwachstum und die Pyknidienbildung haben. Er nennt Temperaturen von 25 °C als optimal für eine Konidien- und Pyknidienbildung. Der Zusammenhang von Feuchtigkeit und Temperatur für eine erfolgreiche Infektion wurde in den Untersuchungen von Spotts et al., (1980) herausgestellt. Bei optimalen Bedingungen, d.h. 26 - 27 °C, benötigt der Pilz nur ca. 6 Stunden

Blattnässedauer, um erfolgreich in das Gewebe einzudringen. Sinken oder steigen die Temperaturen, so steigt die Dauer der benötigten Blattnässe (Ferrin & Ramsdell, 1978; Spotts et al., 1977a). Auch für andere Pilze gilt der Zusammenhang von Temperatur und Feuchtigkeit für eine optimale Infektion. Olufolaji (1986) fand bei seinen Untersuchungen zu *Curvularia pallescens* heraus, dass ein enger Zusammenhang zwischen Temperatur und Luftfeuchtigkeit und dem Keimungsverhalten besteht. Bei einer optimalen Temperatur (25 – 30 °C) benötigt dieser Pilz eine relative Luftfeuchtigkeit von 95 %, bei 20 und 30 °C benötigt er 100 % rel. Luftfeuchte. Damit weist der Pilz große Parallelen zu *G. bidwellii* auf.

Für *Venturia inaequalis* (Erreger des Apfelschorfs) gibt es seit Mitte des letzten Jahrhunderts Richtwerte in Form einer Tabelle, die sog. Mills'schen Tabellen (Mills, 1944). Diese im Jahre 1944 erstellten Tabellen beschreiben den Zusammenhang zwischen minimaler Blattnässedauer, die für eine Infektion durch Ascosporen oder Konidien nötig sind, und der Temperatur. Diese Beobachtungen wurden bis heute weiter verfeinert und weiterentwickelt (Struck & Mendgen, 1998; MacHardy & Gadoury, 1989; Turner et al., 1986, Schwabe, 1980; Mills, 1944). *G. bidwellii* benötigt nicht unbedingt Regenereignisse, es reichen schon Nebel oder hohe Luftfeuchtigkeit aus für eine erfolgreiche Infektion, Minimum sind 0,25 ccm Regen (Ferrin & Ramsdell, 1977/ 1978). Aber nicht nur Temperatur und Blattnässedauer spielen eine Rolle für eine erfolgreiche Infektion, sondern auch das Blattalter. Nur in der frühen Wachstumsphase eines Blattes konnte *G. bidwellii* erfolgreich infizieren. Bei der Inokulation von 'Chardonnay'- und 'Müller-Thurgau'- Reben zeigten Blätter, die sich gerade entfalteten und Blätter, die bis zu 4 Tage alt waren, die stärksten Symptome. Das jüngste, noch nicht voll entwickelte Blatt und ältere Blätter zeigten keine Symptome. Kuo & Hoch (1996) stellten in ihrer Arbeit fest, dass die Stärke der Schadsymptome abhängig von der Blattentwicklung war. In der vorliegenden Arbeit konnte keine Infektion an den jüngsten Blättern gefunden werden, selbst nicht unter idealen Bedingungen für den Pilz, da die Blatthaare zu dicht waren. Konidien konnten nicht bis zur Kutikula vordringen.

In den Rebenanlagen, in denen es zu den schlimmsten Ausfällen im Jahr 2004 kam, hat man keine Unterschiede in der Anfälligkeit der einzelnen Sorten auf den Pilz beschrieben. Bei Kummang et al., (1996) wird von einer generell geringen Anfälligkeit der Sorte 'Muscdines' gegenüber anderen Sorten für Schwarzfäule berichtet. Bei Ferrin & Ramsdell (1977) ist nur die Rede von ökonomischen Schäden, die zu Totalausfällen führen. Die Sorten 'Riesling' und 'Chardonnay' zeigten starke Anfälligkeit bei den Beeren bis 4-5 Wochen nach der Blüte, bei der Sorte 'Concord' waren es 2 - 4 Wochen (Hoffmann, 2002). In der vorliegenden Arbeit wurde die Anfälligkeit bei den Sorten 'Chardonnay' und 'Müller-Thurgau' durch Beobachtungen von Blattsymptomen untersucht. Dabei stellte sich heraus, dass die Sorte 'Chardonnay' sehr empfindlich für einen Befall mit *G. bidwellii* war und zwar nicht nur bei einem Befall der Beeren, wie bei Hoffmann (2002/ 2003) beschrieben wurde, sondern schon früher bei der Ausbildung der Blätter. Die Sorte 'Chardonnay' reagierte sensibler als die Sorte 'Müller-Thurgau'. Dabei traten die größeren Unterschiede bei einer Minimumtemperatur von 15 °C und der Maximumtemperatur von 35 °C auf. Bei der tieferen Temperatur wies die Sorte 'Müller-Thurgau' einen stärkeren Befall auf, stieg die Temperatur weiter an, zeigte die Sorte 'Chardonnay' höhere Befallswerte. Bei 35 °C war die Symptomausprägung bei beiden Sorten deutlich vermindert, dennoch konnte ein signifikanter Unterschied zwischen den Sorten festgestellt werden. Unter dem Einfluss von steigender Temperatur wuchsen die Keimschläuche schnell und verbrauchten viele der Speicherstoffe. Es fehlte die Induktion zur Bildung von Appressorien. Bei hohen Temperaturen wurden kaum noch Appressorien gebildet, die ins Blatt hätten eindringen können. Dieses konnte in den mikroskopischen Untersuchungen gezeigt werden.

Auch bei anderen Pilzen und auf anderen Kulturpflanzen konnte gezeigt werden, dass eine steigende Temperatur zunächst von Vorteil für die pilzliche Entwicklung ist. Bei *A. alternata* wurde ein optimaler Temperaturbereich für die Keimung 25 – 30 °C gemessen, die Temperaturen 15, 20 und 35 °C verschlechterten diese (Hatzipapas, 2002). Bei *Gibberella circinata* lag das Optimum bei 25 °C und hier zeigte sich, dass tiefere und höhere Temperaturen einen negativen Effekt hatten (Inman et al., 2002). Bei *Botrytis allii* konnte ein eindeutiger Zusammenhang zwischen Temperatur und Wachstum des Pilzes dargestellt werden. Mit steigenden Temperaturen konnte sich der Pilz *Botryosphaeria dothidae* auf Äpfeln verbreiten, bei 30 – 35 °C waren alle getesteten Äpfel infiziert. Bei Temperaturen von 15, 20 und 40 °C konnten keine sichtbaren Symptome festgestellt werden (Kohn & Hendix, 1982). Diese Beispiele zeigen, dass jeder Pilz seinen optimalen, minimalen und maximalen Temperaturbereich für das Wachstumsbereich hat, dabei können diese Temperaturen stark differieren. Auf diese Werte stützen sich die Berechnungen für die Ausbreitung eines Pilzes. Daher war es wichtig, diese Grenzen zu testen und zu bestimmen. Denn mit dem Programm CLIMEX® kann man auf Grund der Temperatur- und der Luftfeuchtigkeitsansprüche einer Art die Etablierung darstellen (Sutherst & Maywald, 1985).

Es konnte ein Zusammenhang zwischen Temperatur und Ausprägung der Symptome für *G. bidwellii* festgestellt werden. Wie stark die Symptomentwicklung war, hing nicht nur von den optimalen Bedingungen für den Pilz ab, sie hängt auch mit der Sortenempfindlichkeit der Testpflanze zusammen. In mikroskopischen Untersuchungen zu *G. bidwellii* konnte festgestellt werden, dass sich bei den Temperaturen von 18 und 27 °C die Keimrate auf beiden Sorten nicht signifikant unterschied. Hingegen bei Messung der Keimschlauchlänge auf der Sorte 'Chardonnay' wurden signifikant kürzere Keimschläuche mit Appressorien bis 34 Stunden nach Inokulation bei einer Temperatur von 27 °C gemessen. Das zeigt, dass bei höheren Temperaturen die Vorgänge schneller ablaufen. Dies ist wichtig für das Überleben des Pilzes. Schnelle Eindringung bedeutet auch schnellere Versorgung mit Assimilaten durch die Pflanze. Die Anzahl der Appressorien war, 48 Stunden nach Inokulation, bei 'Chardonnay' geringer als bei der Vergleichssorte. Betrachtet man die Art der Keimschlauchbildung auf der Sorte 'Chardonnay', so konnte man feststellen, dass pro Konidie bis zu vier Keimschläuche gleichzeitig gebildet wurden. Im Laufe der Entwicklung wurden nicht an allen Keimschläuchen Appressorien gebildet, aber bei den meisten Konidien konnte mehr als eine Anlage zur Appressorienbildung beobachtet werden. Damit drangen auf der Sorte 'Chardonnay' mehr Appressorien pro Konidie ein als bei der Sorte 'Müller-Thurgau'. Das ist eine Erklärung, warum die Symptomausprägung bei der Sorte 'Chardonnay' stärker war als bei der Sorte 'Müller-Thurgau'. Andere Pilze bilden nur eine Keimhyphe wie z. B. *D. rosae* (Frick, 1943). Einen Einfluss des Lichts bei der Keimung auf Reben konnte nicht festgestellt werden. Die Ausprägung der Symptome auf den Blättern unterschied sich nicht signifikant. Ähnliches wurde für den Pilz *A. linicola* von Vloutoglou et al., (1996) beschrieben, daher sollte man *G. bidwellii* zu den lichtneutralen Keimern zählen, was für ihn als Konkurrenzvorteil gewertet werden kann.

Eine Frage, die noch geklärt werden sollte ist, welchen Einfluss haben die unterschiedlichen Oberflächen der Rebensorten auf die Entwicklung von *G. bidwellii*? Bei den Sorten 'Chardonnay' und 'Müller-Thurgau' konnte gezeigt werden, dass der Befall unterschiedlich stark ausfiel. Es konnte nicht geklärt werden, ob es an der Kutikula und deren Zusammensetzung oder an sortenspezifischen Abwehrreaktionen lag. Für die Züchtung wäre es interessant zu wissen, welchen Einfluss die Wachsauflagen bei der Abwehr haben.

Für eine Bekämpfung der Schwarzfäule stehen Fungizide zur Verfügung. Folgende Produkte wurden genehmigt: Flint®, Polyram WG® und Systhane 20 EW® (Anonym, 2006). Diese

Fungizide gehören zu den Fungizidgruppen Dithiocarbamaten, Strobilurine und Triazole (BBA-Mitteilungen´05). In den 1970er Jahren zeigte sich, dass Fenarimol und Triadimefon eine gute Wirkung bis 98 Stunden nach Inokulation hatten. Benomyl und Folpet waren wirkungsvoll bei einer kurativen Behandlung (Spotts, 1979a/ 1977b). Bei Untersuchungen von Hoffmann (2002) wurde bei der Anwendung von Azoxystrobin die Konidienproduktion von *G. bidwellii* reduziert, und durch das Spritzen von Myclobutanil wurde eine Sporulation verhindert. In der Umgebung von New York tauchten zunehmend DMI-resistente (Triazole) *G. bidwellii* Stämme auf. Daraufhin wurden vermehrt Azoxystrobine eingesetzt. Untersuchungen zeigten, dass die Mittel eine gute protektive Wirkung gegen Schwarzfäule und Falschen Mehltau hatten (Hoffman & Wilcox, 2003).

Die Vermeidung von Resistenzen in der Landwirtschaft und das ökologische Bewusstsein der Verbraucher erlangt heutzutage immer mehr an Bedeutung. Daher wird nach Alternativen zu den handelsüblichen Fungiziden gesucht. Schwefel ist ein Mittel, dass das Auftreten von Blattkrankheiten bei Reben reduziert, vor allem bei der Anwendung gegen den Echten Mehltau. In Untersuchungen von Gadoury et al., (1994) konnte keine Reduzierung bei der Schwarzfäule durch den Einsatz von Schwefel gemessen werden. Im Gewächshaus zeigte Schwefel eine gute Wirkung, doch im Freiland konnte dies nicht bestätigt werden. Protektiv, 48 Stunden vor Inokulation, hatten Carpropamid und Trifloxystrobin eine sehr gute Wirkung bei der halben Aufwandmenge, beide Mittel verhinderten die Eindringung ins Gewebe. Diese Mittel lagerten sich auf der Blattoberfläche an und unterbanden die Keimung und die Appressorienbildung. Schwefel, Quinoxyfen und Fluquinconazol zeigten eine Reduzierung des Befalls gegenüber der Kontrolle, aber ganz verhindern konnten diese Mittel einen Befall nicht. Es ist verwunderlich, dass Quinoxyfen trotz seiner hohen Spezifität gegen Echten Mehltau eine Wirkung gegen *G. bidwellii* zeigte. 24 Stunden vor Inokulation zeigten alle Mittel eine sehr gute Wirkung, es konnten keine Symptome bonitiert werden. Lediglich bei der Anwendung von Quinoxyfen zeigten sich vereinzelte Symptome, ein Hinweis auf die spezifische Wirkung des Mittels gegen Echten Mehltau. Ein fast gleiches Bild trat bei gleichzeitiger Fungizidapplikation und Inokulation auf. Und auch hier zeigte Quinoxyfen eine gewisse reduzierende Wirkung.

Dies änderte sich erst als die Fungizide kurativ eingesetzt wurden. Bis 24 Stunden nach Inokulation zeigten sich bei allen eingesetzten Mitteln, dass diese einen Befall mit *G. bidwellii* nicht mehr verhindern, sondern nur noch reduzieren konnten. Das liegt daran, dass der Pilz 16 Stunden nach Inokulation ins Blatt eindrang und dann nur noch von systemisch wirkenden Mitteln erreicht werden konnte. Carpropamid wirkt protektiv und wird so auch bei *Pyricularia oryzae* angewendet. Protektiv hat es eine Wirkung gegen *G. bidwellii*, indem die Melaninbildung der Appressorien unterbrochen wird. Fluquinconazol wird im Weinbau gegen den Erreger des Echten Mehltaus, *Uncinula necator*, eingesetzt und zeigte kaum eine befallsreduzierende Wirkung gegen *G. bidwellii*. Mögliche Ursache ist der Einsatz gegen den Echten Mehltau, es ist nicht auszuschließen, dass *G. bidwellii* so unbemerkt eine Resistenz aufgebaut hat. Quinoxyfen wird gegen den Echten Mehltau an Reben eingesetzt; es ist ein protektives Fungizid, das hauptsächlich der Appressorienbildung entgegenwirkt (Tomlin, 2000). Schwefel wirkt nur protektiv und ist nicht systemisch, d.h. es wird kein Wirkstoff in die Pflanze eingelagert. Wenn der Pilz in die Pflanze eingedrungen ist, kann Schwefel nicht mehr wirken. In den mikroskopischen Untersuchungen konnte gezeigt werden, dass der Pilz 16 Stunden nach Inokulation die ersten Appressorien gebildet hatte und damit unerreichbar für Schwefel und die anderen protektiv wirkenden Mittel war.

Trifloxystrobin wird mesosystemisch in der Pflanze verteilt (Tomlin, 2000). Es konnte bei allen Anwendungen die beste Wirkung erzielen. Dieses Mittel wird in der Regel protektiv gegen ein weites Spektrum an Pilzen eingesetzt und zeigt bei einigen Pilzen eine kurative Wirkung. Das Mittel wird in der Kutikula eingelagert und translaminar im Blatt verteilt. *G. bidwellii* konnte in und unter der Kutikula mikroskopisch nachgewiesen werden, so dass dies eine Erklärung ist, warum das Mittel den Befall reduzieren und verhindern konnte. Der Pilz wächst erst auf der Kutikula und dann weiter durch die Epidermis ins Mesophyll. In den mikroskopischen Untersuchungen konnte gezeigt werden, dass die größte zerstörerische Kraft des Pilzes im Mesophyll auftrat. 10 – 21 Tage nach Inokulation brach das Mesophyllgewebe zusammen, bedingt durch die Pilzhyphen, die diese Schicht durchzogen. Wenn der Pilz nicht auf der Oberfläche durch ein Fungizid im Keimungsprozess gestoppt wurde, kann ein Fungizid nur noch dann wirken, wenn es verstärkt im Mesophyll eingelagert wurde, wie Trifloxystrobin. Je nachdem welche Fungizide eingesetzt wurden, kam es zu einer Reduzierung des Befalls. Ferner konnte ein Einfluss der Temperatur auf die Entwicklung von *G. bidwellii* nachgewiesen und genauer charakterisiert werden. Um die zukünftige Entwicklung der Etablierungsgebiete darzustellen, müssen verschiedene Klimaszenarien berücksichtigt und mit CLIMEX 2.0 ® berechnet werden.

Diskussion

Das Makroklima umfasst ist die Gesamtheit der meteorologischen Erscheinungen, die den statistischen Zustand der Atmosphäre an irgendeiner Stelle der Erdoberfläche kennzeichnet. Das Mikroklima ist der entscheidende Faktor bei der Ausbreitung und Etablierung von Pathogenen (Marcais et al., 2008; Agrios 2005; Lanoiselet et al., 2002 und Sutherst & Maywald, 1985). Dennoch müssen laut Paul et al. (2005) noch andere Einflüsse berücksichtigt werden, wie z. B. andere Pilze, den Menschen und Wirtspflanze(n), ohne die ein Pilz nicht überleben kann. Vor allem die Temperatur und die Luftfeuchtigkeit reglementieren die Verbreitung von Pathogenen. Des Weiteren wird das Überleben von Pathogenen von Temperaturextremen bestimmt, d.h. von hohen bzw. tiefen Temperaturen hängt die Etablierung einer Krankheit ab (Thuiller, 2007 & Colhoun, 1973).

Nur ein kleiner Teil der Pathogene kann überleben und sich etablieren (Kolar & Lodge, 2001). In den vorangegangenen, praktischen Versuchen wurde das Temperaturspektrum für *G. bidwellii* unter Zuhilfenahme verschiedener Methoden genauer charakterisiert. Die Daten zum Infektionsverhalten von *G. bidwellii* wurden anschließend in das Programm CLIMEX 2.0 ® eingegeben. Dieses Programm zeigt die Ausbreitung oder das Etablierungsrisiko von tierischen Schaderregern in bestimmten Gebieten an. Es kann auf Grund der Temperatur und der Luftfeuchtigkeit anzeigen, wo es günstige Bedingungen gibt, und wo es auf Grund von Stress auslösenden Faktoren nicht zur Etablierung kommen kann. Es basiert auf der Annahme, dass jedes Insekt seine ganz besonderen Anforderungen an Temperatur und Luftfeuchtigkeit stellt (Sutherst & Maywald, 1985). Diese können für jedes Entwicklungsstadium unterschiedlich sein. Die Theorie besagt, dass alle Szenarien, die über oder unter den optimalen Bedingungen für ein Überleben liegen, Stress auslösen, und daher die Vermehrung oder Verbreitung limitieren. Nicht in jedem Gebiet können sich alle Insekten gleich gut ausbreiten (Sutherst & Maywald, 1985).

In neueren Arbeiten zu pilzlichen Pathogenen werden immer öfter Computersimulationen benutzt, um das Auftreten von Pilzen weltweit zu simulieren (Lanoiselet et al., 2002). In dieser Arbeit sollte die Frage zum Auftreten und zur Etablierung von *G. bidwellii* in Europa mit Hilfe des Programms CLIMEX® beantwortet werden. Beispiele für die Simulationen zum Auftreten unterschiedlicher Pilze sind *Podosphaera macularis* und *Pseudopernospora humuli*, Quarantäneschaderreger an Hopfen für Tasmanien, Victoria und Australien. Mit Hilfe des Programms stellte man fest, dass die Pilze sich auf Grund des Klimas in den Hopfenanbauregionen etablieren könnten, wenn diese Krankheit in Australien eingeschleppt würde (Pethybridge et al., 2003). Vor allem in Australien, wo dieses Programm entwickelt wurde, ist man auf Grund der besonderen Lage des Kontinents daran interessiert, gebietsfremde Pathogene zu identifizieren und deren Etablierungsmöglichkeiten schnell zu berechnen (Sutherst & Maywald, 1985). *Neonectria galligena*, der Erreger des Apfelkrebs aus Europa, konnte schon in Neuseeland nachgewiesen werden; das Computermodell zeigt, dass der Pilz sich an der Süd- und Westküste Australiens etablieren könnte (Edwards et al., 2008). Ein anderes Beispiel zeigt, dass es auch Regionen geben kann, in denen sich der Wirt etablieren konnte, das Pathogen nicht z.b. *Phakopsora pachyrhizi,* Sojabohnenrost, der seit Jahrzehnten auf dem Vormarsch ist und neue Gebiete erobert z. B. Hawaii, Süd- und Zentralamerika und die Karibik. Doch an den Küsten Afrikas ist die Hitze und der Wassermangel der limitierende Faktor bei der Ausbreitung des Pilzes. Ein anderes Beispiel für die fehlende Ausbreitung des Pilzes ist der Trockenstress in Zentral Mexiko (Pinova & Yang, 2004).

Bisher sorgte *G. bidwellii* nur in Frankreich und Italien für Schäden. Dieses änderte sich ab 1989 als der Pilz erstmals schwere Schäden im Tessin (Schweiz) anrichtete (Anonym, 2004 und Jermini & Gessler, 1996). Deutschland war auf Grund seiner klimatischen Bedingungen kein Etablierungsgebiet für die Schwarzfäule, vermutlich wegen der langen kalten Winter, diese konnte in den Karten gezeigt werden. Das änderte sich erst ab 2003, als sie relativ unvermittelt für große Verluste sorgte, die in manchen Gegenden sogar bis zu Totalausfällen gingen. Vor allem in den Rebanlagen der Mosel, Nahe und am Mittelrhein richtete der Erreger großräumige Schäden an (Anonym, 2004). Mit Hilfe des Programms CLIMEX® konnte gezeigt werden, dass eine mögliche Ursache im Klimawandel lag. Die Durchschnittstemperaturen stiegen an und damit auch das Etablierungsrisiko. In den Studien von Marcais et al., (2008) wird das Klima als entscheidender Faktor für die Zusammensetzung von Pflanzenpathogenen und deren Ausbreitung gesehen. Andere Studien zeigen, dass der Klimawandel einen Einfluss auf die biologischen Zusammenhänge hat (Roots et al., 2003). Doch was ist Klimawandel und wie wirkt er sich auf ein Ökosystem aus?

Weltweit sind Veränderungen in der Natur zu beobachten. Ab dem 19 Jahrhundert fand eine Temperaturerhöhung statt. Für dieses Jahrhundert kam man zu dem Ergebnis, dass es zu einer langsamen Erwärmung mit großen Temperaturausschlägen nach oben und nach unten kommt (Hansen et al., 2006). Die Prognose von Moore (2008) besagt, dass am Ende dieses Jahrhunderts die durchschnittliche Temperatur um mehr als 3 °C ansteigt.

Klimaveränderungen sind zu erwarten, aber mit welchen Auswirkungen und in welcher Geschwindigkeit diese sich auf die Wirt-Parasit-Beziehung auswirken werden, müssen Untersuchungen zeigen (Coakley, 1995). Mögliche Auswirkung ist, dass Pathogene verschwinden werden, weil sich die Bedingungen zum Schlechteren verändert haben, z. B. durch Hitze, Trockenheit (Garrett, 2006). *G. bidwellii* gehört zu den wärmeadaptierten Pathogenen, die erst durch den Klimawandel für Schäden sorgen können. In den früheren Jahrzehnten waren vor allem die tiefen Wintertemperaturen die limitierenden Faktoren. Durch das zeitige Frühjahr und die Drieschen als neue Inokulumsquellen kann der Pilz sich früher in Deutschland an den Blättern entwickeln, um zum kritischen Stadium der Blüte sein ganzes Potential unbemerkt zu entfalten.

Dann gibt es noch andere Faktoren, die die Pflanze direkt schwächen, wie zum Beispiel die Luftverschmutzung und die solare Einstrahlung. Die Luftverschmutzung kann die Pflanze direkt betreffen und Stress auslösen, letzteres wird sichtbar in einer verminderten Wachstumsrate oder einer schnelleren Seneszenz der Blätter. Dies wiederum nützt den Pathogenen, denen es erleichtert wird in ein geschwächtes Gewebe einzudringen und sich weiter zu vermehren (Coakley, 1995). Dieses wäre eine mögliche Ursache für *G. bidwellii* und das Ansteigen des Gefährdungspotentials. Dazu müssten noch Studien an Reben gemacht werden. Andere Studien zeigen, dass der Klimawandel einen vielfältigen Einfluss auf die biologischen Zusammenhänge hat (Root et al., 2003).

Die Veränderungen im Ökosystem und deren Auswirkungen sind mannigfaltig, das macht Vorhersagen der Zukunft schwierig (Garrett, 2006; Coakley, 1995). Eine relativ deutliche Auswirkung ist, dass gebietsfremde die heimischen Arten verdrängen. Dieses ist auch auf Pathogene übertragbar. Zurzeit sind einige thermophile Krankheitserreger im europäischen Weinbau auf dem Vormarsch z.B. *Flavescence dorée,* welche durch Kleinzikade *Scaphoideus titanus* übertragen wird. Wärmeliebende Zikaden übertragen immer mehr Krankheiten unter anderem auch Phytoplasmosen, die seit ca. 15 Jahren in Europa an Bedeutung gewinnen (Maixner, 2004).

Weitere Veränderungen kann man im Frühjahr beobachten, z.B. zeigen ältere Bäume später ihre Blätter als junge Bäume, da sie sich schon angepasst haben (Rosenzweig, 2008). Vor allem im Winter macht sich der Temperaturanstieg in unseren Breitengraden, durch eine geringere Anzahl an Kältetage bemerkbar. Dadurch gibt es jetzt schon um bis zu 3 Wochen längere Wachstumsperioden als vor 10 Jahren. Dies ist auch für die Reproduktion von Pilzen entscheidend. Es können mehr Pilze überleben und im Frühjahr eine stärkere Infektion auslösen, wie es im Jahr 2003/04 bei *G. bidwellii* der Fall war.

Das Klima wird zunehmend heißer und trockener, wie an den Karten von CLIMEX zu sehen war. Vor allem der Mittelmehrraum und Zentralspanien werden Trockenstressprobleme bekommen, ausgelöst durch hohe Temperaturen und verminderten Niederschlag. Des Weiteren werden vermehrt Wetterextreme auftreten (Moore, 2008). Weitere Phänomene, die in der nördlichen Hemisphäre beobachtet werden konnten, sind, dass die erste Blüte der Pflanzen früher erfolgt, und die Vögel früher aus den südlichen Überwinterungsgebieten zurückkommen. In England wurde bei 385 Pflanzenarten beobachtet, dass die Blüte 4,5 Tage früher begann als in dem Zeitraum von 1954 – 1990. Das phänologische Frühjahr war um 5,1 Tage nach vorne verschoben (Scherm, 2004). Das bedeutet für *G. bidwellii*, dass er sich früher im Bestand ausbreiten kann und bis zur Blüte ein hohes Inokulumpotential aufbauen kann. Zieht man die Parallel zu den Wäldern, wo jüngere Bäume früher ihre Blätter bekamen, so steigt das Gefährdungspotential für eine Infektion in junge Rebenanlagen noch weiter an.

An konkreten Beispielen sollen die Auswirkungen des Klimawandels auf die pilzliche Entwicklung dargestellt werden. Das Problem: Verknüpfung von Klimawandel und dem Auftreten von Krankheiten ist selten direkt dokumentiert worden (Woods et al., 2005). Außerdem ist der Verlauf des Klimawandels nicht linear, vieles ist Zufall. Es fehlen immer noch die passenden Raum und Zeitskalen. Bei Untersuchungen zum Aussterben des Harlekinfroschs in Costa Rica wurde festgestellt, dass sich der Frosch auf Grund von erhöhten Temperaturen in die Berge zurückzog. Dort traf er auf einen Pilz, der sich mit ansteigenden Temperaturen massenhaft ausbreiten konnte. Dieser Pilz befiel den Frosch und sorgte so für das Aussterben (Pounds et al., 2006 & Pounds et al., 1999). Bei Kulturpflanzen sind seit längerem Veränderungen bei der Wirt- Parasit- Beziehung beobachtet worden. In Untersuchungen von Colhoun (1973) wurde festgestellt, dass sich *Gibberella zeae* seiner Wirtspflanze angepasst hat. Bei hohen Temperaturen wird Weizen befallen und bei tieferen Temperaturen eher Mais. Dieses Pathogen ist sehr verbreitet, und wenn er die geeignete Wirtspflanze findet, kann dieser Pilz viele negative Umwelteinflüsse tolerieren.

Ein weiteres Beispiel für die Interaktion von Wirt und Pathogen ist der Pilz *Dothistoma spetosporum* an Pinien. Normalerweise kam der Pilz nur in warmen Gebieten vor. Doch seit neuester Zeit konnte man ihn in British Columbia und Kanada nachweisen, nördlicher als sonst. Ursachen für das epidemische Auftreten dieses Pilzes waren unter anderem der intensive Anbau von Pinien in neuen Plantagen. Ein anderer Grund waren die vielen pilzgünstigen Wetterereignisse mit starkem Niederschlag, bei hohen Temperaturen. Mit zunehmenden Temperaturen hat die Ausbreitung des Pilzes epidemische Ausmaße angenommen (Woods et al., 2005). Dies weist große Parallelen zur Schwarzfäule in Deutschland auf. Durch den milden Winter 2003 und das feuchte Frühjahr 2004 wurden optimale Bedingungen für eine Infektion geschaffen. Das Wachstum begann früh und bis zur Blüte wurde ausreichend viel Inokulum gebildet, um eine verheerende Infektion zu begünstigen.

Ferner verändert sich der Anbau der Kulturpflanzen, er passt sich den veränderten Klimaten an. Winterweizen wird immer weiter Richtung Norden angebaut, wodurch es zu einer Verbreitung der typischen Krankheiten kommt (von Tiedemann, 1996). Ähnliches wird man für den zukünftigen Rebenanbau sagen können, der sich durch die Kultivierung immer neuer Rebsorten verändern wird. Auf der einen Seite wird es zu einem Rückgang an Krankheiten wie für Gelbrost und Echter Mehltau kommen, wie es schon dokumentiert wurde (von Tiedemann, 1996). In den Untersuchungen von Shaw et al., (2007) zu *Septoria*- Blattflecken und *Septoria*-Blattdürre wurde herausgefunden, dass das Klima den größten Einfluss auf die Pilzmasse von *Leptosphaeria nodorum* im Weizen hatte. Dies wurde über die Menge an DNA im Weizen gemessen. Man hat eine negative Korrelation bei hohen Temperaturen zur Menge an DNA von *L. nodorum* im Weizen gefunden, d.h. mit steigenden Temperaturen nimmt die Menge des Pilzes ab.

Auf der anderen Seite tauchen viele Krankheiten immer weiter nördlich auf. In Finnland konnten in einem Zeitraum von 1983 – 2002 mehr Regenereignisse beobachtet werden. Die Temperaturen stiegen um ca. 1 °C an, und die Anbausaison konnte früher beginnen. Mit dieser Entwicklung ging einher, dass *Phytophthora infestans* an Kartoffeln jetzt bis zu 24 Tage früher im Bestand zu finden ist. Durch bessere Überwinterung und mehr Regenereignisse in der Anbausaison kommt es in der heutigen Zeit zu einem Befall der Kartoffeln über dem 65 °N Breitengrad (Hannukkala, 2007), ähnlich wie die Schwarzfäule, die wärmeadaptiert ist. Aber nicht nur die verstärkte Ausbreitung von Pathogenen kann zu einem Problem werden, sondern auch die Zunahme ihrer Aggressivität. So fand man bei *Colletotrichum gloeosporioides* heraus, dass mit steigendem CO_2-Gehalt in der Luft der Pilz

Diskussion

mehr Entwicklungszyklen durchlief und sich die Aggressivität steigerte. Außerdem bildete der Pilz verstärkt Konidien (Scherm, 2004). Seit 1990 tritt *Dothistroma septosporum* (RBNB) in englischen Wäldern vermehrt auf. Der Grund ist in den gestiegenen Temperaturen zu sehen (Archibald und Brown, 2008).

Es gibt Berechnungen, die besagen, dass 1 °C Temperaturerhöhung die ökologischen Zonen um 160 km Richtung Norden verschieben wird. Bei einer Erhöhung um 4 °C in diesem Jahrhundert bedeutet das, dass die Spezies um 500 km nach Norden wandern könnten (Thuiller, 2007; Hansen et al., 2006). Diese Beispiele zeigen Pathogene, die auf Grund der Klimaerwärmung neue Gebiete besiedeln konnten und dabei großen Schaden anrichteten. Es gibt viele Gemeinsamkeiten im Vergleich der genannten Beispielpilze mit *G. bidwellii*. Auch hier war der Pilz bekannt, aber erst durch die Erhöhung der Temperatur konnte er Schäden anrichten, wie mit Hilfe der Karten von CLIMEX® gezeigt werden konnte. Es entstanden neue Risikogebiete und zwar immer dort, wo das Klima sich pathogengünstig veränderte.

Das berechnete Etablierungsgebiet für *G. bidwellii* weitet sich immer mehr Richtung Nord-Osten aus. Dabei werden Gebiete, in denen er heute schon für Schäden sorgt, auf Grund ungünstiger klimatischer Bedingungen herausfallen. Ob die Aggressivität des Pilzes mit steigenden Temperaturen zunimmt, müssen Studien zeigen. Auszuschließen ist dies nicht. Im IPCC Bericht aus dem Jahr 2007 steht als Prognose für Europa, dass es in Italien, Portugal, Spaniens und in Südfrankreich zu Trockenstress kommen wird (Adger et al., 2007). Die Prognosen für die Zukunft der Agrarwirtschaft und des Weinbaus sind schwierig (Scherm, 2004; Coakley et al., 1999), da schon über die Temperaturerhöhung regional schwer zutreffende Aussagen zu machen sind. Einig sind sich die Wissenschaftler darin, dass die nördliche Hemisphäre stärker betroffen sein wird als die südliche (Hansen et al., 2006).

Ein anderer wichtiger Punkt ist, dass man deutlich zwischen einjährigen Kulturen und Dauerkulturen wie Wein und Forst unterscheiden muss. In einjährigen Kulturen hat sich in den letzten 10 Jahren vieles verändert (Scherm, 2004). Einjährige Kulturen sind flexibler in Ort, Sorte, Kultur und Pflanzzeitpunkt. Das gesamte Kulturmanagement ist anders im Vergleich zu den Dauerkulturen (Scherm, 2004; Coakley, 1995). Dauerkulturen sind gebietsgebunden, in ihnen kann sich eine Inokulumpotential langsam aufbauen wie es der Fall bei *G. bidwellii* war. Der Pilz konnte in Drieschen unentdeckt lange überleben. Es ist schwierig, den direkten Einfluss des Klimas auf die Bäume und Dauerkulturen zu messen und den genauen Zusammenhang herzustellen (Woods et al., 2005). Daneben kommt es zu positiven Auswirkungen wie verstärkte Produktivität und längeren Wachstumsphasen durch steigende Sonneneinstrahlung und CO_2 -Gehalte (Broadmeadov et al., 2005). Aber hier bleibt die Frage offen, wie lange es noch einen positiven Effekt geben wird und ab wann es zum Stress für eine Kulturpflanze wird. Schon jetzt werden durch den Trockenstress in den Wäldern die Abwehrmechanismen gegen Pilze herabgesetzt. Es gibt einen Zusammenhang zwischen Trockenstress und dem Ausbruch einer Krankheit in Wäldern (Green et al., 2008). Der Klimawandel kann die Wirtspflanzenphysiologie, Resistenz und die Entwicklungsgeschwindigkeit eines Pathogens beeinflussen (Coakley et al., 1999). Standortspezifische Verschiebungen zu wärmeadaptierten Schaderregern sind bei einer Klimaerwärmung in der nördlichen Hemisphäre sehr wahrscheinlich. Das Schaderregerauftreten wird in der Zukunft durch klimaangepasste Anbautechnik bestimmt werden (von Tiedemann, 1996).

Die Karten, die für das mögliche zukünftige Auftreten von *G. bidwellii* berechnet wurden, zeigen nur die klimatischen Veränderungen. Offen bleibt die Frage, wo in Zukunft die Anbaugebiete von Wein sein werden. Mit steigenden Temperaturen wird sich diese Grenze Richtung Norden verschieben. So können Rebsorten aus dem mediterranen Bereich bald auch in Mitteleuropa angebaut werden (Schultz, 2004). Eine anderes Bild ergibt sich bei der Berechnungen zum Ertrag, diese zeigen sehr unterschiedliche Ergebnisse auf, je nach Szenario sind Ertragssteigerungen von 0 – 20 % möglich, aber auch Ertragsminderungen von bis zu 10 % (Stenitzer und Hösch, 2004). Festzuhalten bleibt, dass der Klimawandel positive, negative oder keine Auswirkungen auf die individuellen Pathosysteme haben wird auf Grund ihrer spezifischen Wirt- Parasit- Beziehungen (Coakley et al., 1999). Viele Untersuchungen beschränken sich auf eine Klimaanpassung, die sich phänologisch oder geographisch abspielen wird, leider ignoriert man, dass es durch einen veränderten Selektionsdruck eine genetische Anpassung geben wird (Scherm, 2004). Außerdem wird sich die geographische Verbreitung von Wirt-Parasit Beziehung ändern und invasive Arten werden sich etablieren. Wie schnell sich diese etablieren können, hängt von der Umwelt ab (Coakley et al., 1999).

6 Fazit

Grundlage der Karten waren die Datenerhebungen zur Biologie und zum Infektionsprozess von *G. bidwellii* unter dem Einfluss verschiedener Temperaturen. Daraus wurden Karten mit Hilfe des Programms CLIMEX® erstellt, die die Verteilung der Etablierungsgebiete für die Vergangenheit (bis 1988), die Gegenwart 2007, die nahe Zukunft (2050) und die entfernte Zukunft (2100) zeigen. Deutlich konnte ein Zusammenhang zwischen Temperaturerhöhung und der Ausbreitung in Europa hergestellt werden. Mit steigenden Temperaturen wird dieser Pilz zu ernsten Problemen im Weinbau führen. Das Programm hat nicht die Sortenunterschiede berücksichtigt. Doch es konnte gezeigt werden, dass es auch da Unterschiede gab, die nicht außer Acht gelassen werden sollten.

Die Berechnungen sollen Grundlagen und Hilfestellungen für den Umgang mit gebietsfremden Pathogenen (invasive Arten) sein, die möglicherweise einwandern. Der Zusammenhang zwischen Klimaveränderungen und dessen Auswirkungen müssen noch weiter entschlüsselt und aufgeklärt werden. Wie schon an anderen Beispielen vorher gezeigt wurde, müssen Forschungen zu Langzeitwirkungen in Dauerkulturen durchgeführt werden, um die Zusammenhänge zu verstehen. Das plötzliche und zerstörerische Auftreten von *G. bidwellii* ist kein Einzelbeispiel. In der Zukunft werden viele bisher gebietsfremde Krankheiten hinzukommen und für unerwartete Schäden sorgen. Es werden neue Systeme benötigt, um diese Krankheiten zu erkennen und ihr Risikopotenzial einzuschätzen, ein möglicher Weg wurde in der vorliegenden Arbeit gezeigt. Für *Plasmopara viticola*, den Erreger des Falschen Mehltaus an Reben, hat Sulinari et al. (2006) mögliche Auswirkungen berechnet. Die Berechnungen besagen, dass die Fungizidapplikationen zur Kontrolle und Bekämpfung der Krankheit ansteigen werden. Bis zu zwei Spritzungen pro Saison müssen möglicherweise zusätzlich durchgeführt werden. Zwischen Mai und Juni wird es zu verstärkten, primären Infektionen kommen. Außerdem wird die Erstinfektion früher als jetzt stattfinden (Sulinari et al., 2006). Dies trifft auch auf *G. bidwellii* zu, denn durch steigende Temperaturen wird er sich früher im Bestand vermehren und für Infektionen sorgen. Durch die Karten konnte gezeigt werden, dass er sich etablieren konnte, weil sich das Klima für ihn günstig verändert hat.

Zukünftig wird es zu einschneidenden Veränderungen im Weinbau kommen. Große Probleme werden durch die längeren Vegetationszeiten ausgelöst. Das Inokulum von verschiedenen Pilzen, wie *Plasmopara viticola*, *Pseudopeziza tracheiphila* oder *Botrytis cinerea* kann sich stärker vermehren. Durch die milden Wintertemperaturen können mehr Pathogene überleben und im folgenden Jahr neue Epidemien auslösen. *G. bidwellii* wird nicht die einzige Krankheit bleiben, die unerwartet zu großen Schäden geführt hat. Reben werden weltweit angebaut und in jedem Anbaugebiet gibt es eigene Krankheiten, die durch das Mikroklima bestimmt werden. Durch den globalen Handel können diese in neue Gebiete eingeführt werden. Für Dauerkulturen ist die Forschung zu Klimaänderung – Pathogenauftreten sehr bedeutend, da ein Austausch der Pflanzen mit hohen wirtschaftlichen Kosten verbunden ist. Es sind Forschungen zur Etablierung von neuen Pathogenen nötig, um ihr Risikopotenzial abschätzen zu können. Eine andere Frage die genauer untersucht werden sollte ist, wie verändert sich die Aggressivität eines Pilzes unter sich verändernden Temperaturen, UV-Strahlung und CO_2-Gehalten?

Die Ergebnisse der vorliegenden Arbeit zeigen die Bedeutung des Klimawandels auf die Etablierung des Erregers der Schwarzfäule *Guignardia bidwellii*. Es wurde deutlich, dass die veränderten Temperaturen als auch verschiedene Rebsorten die Entwicklung beeinflussen können. Die Untersuchungen zur Entwicklung des Erregers auf den Blättern unter dem Einfluss verschiedener Temperaturen haben Unterschiede bei den Sorten deutlich gemacht und damit die Grundlagen für eine differenzierte Beurteilung der Standorte gelegt. Die Ergebnisse tragen zu einem besseren Verständnis der Verbreitung von Blatterregern in Europa bei, vor allem unter dem Aspekt der zukünftigen Entwicklung bei steigen Temperaturen.

Ein weiterer wichtiger Punkt für die zukünftige Forschung wird sein wie sich das Pflanzenschutzgesetz in der Zukunft entwickeln wird. Falls die Ausbringung von Pflanzenschutzmitteln mit Luftfahrzeugen eingeschränkt oder verboten wird, wird der Anbau der Reben in Steillagen unrentabler werden. Es wird zu einer Zunahme der Drieschen kommen, in denen sich Krankheiten etablieren und ausbreiten können, die dann auf den Erwerbsbau übergreifen können. Vor dem Hintergrund der Starkregenereignisse ein nicht zu unterschätzendes Risiko bei der Verbreitung von Blattpathogenen. Anderer seitens können Reben immer weiter im Norden angebaut werden bedingt durch den Klimawandel und damit wird sich die deutsche Kulturlandschaft weiter verändern.

7 Zusammenfassung

In der vorliegenden Arbeit wurden erste Untersuchungen für eine Risikoanalyse an bedeutenden Kulturen in Europa unter Berücksichtigung der sich verändernden Klimabedingungen und neuer auftretender Arten durchgeführt. Für den Erreger der Schwarzfäule *Guignardia bidwellii* wurden vermehrt Hintergrundinformationen gesammelt, um beispielhaft verschiedene Szenarien mit diesem Pilz zu simulieren. Es wurden Untersuchungen zum Einfluss der Temperatur und der Ausbreitung von *Guignardia bidwellii* an fünf Isolaten gemacht. Ferner wurden mikroskopische das Keimungs- und Eindringungsverhalten auf Modelloberfläche und auf den Reben der Sorten 'Chardonnay' und 'Müller-Thurgau' untersucht. Es sollte der Einfluss der Temperatur auf das Keimungsverhalten bestimmt werden. Die neu gewonnen Daten dienten zur Modifizierung des Programms CLIMEX ® v. 2.0. mit dem die Risikogebiete für die Vergangenheit, Gegenwart und die Zukunft dargestellt werden sollen. Es sollte die Hypothese überprüft werden in wieweit der Klimawandel einen Einfluss auf die Etablierung einer Krankheit haben kann.

Es wurden Untersuchungen zu folgenden Themenkomplexen durchgeführt:

- Bestimmung des Wachstums auf verschiedenen Medien bei unterschiedlichen Temperaturen, Lichtverhältnissen und pH-Werten

- Möglichkeiten der Bekämpfung von Schwarzfäule mit Fungiziden aus unterschiedlichen Fungizidgruppen

- Erfassung des Einflusses der Temperatur auf die Keimung, Keimschlauchlänge und Appressorienbildung auf den Rebsorten 'Chardonnay' und 'Müller-Thurgau' und auf Modelloberfläche

- Zusammenfassung der möglichen Temperaturentwicklung über die nächsten 100 Jahre; Literaturübersicht über die Kulturen und die Bedeutung der invasiven Arten

- Übertragung der Daten in das Programm CLIMEX ® um die Risikogebiete ab den 90-iger Jahren des letzten Jahrhunderts bis ins Jahr 2100 bildlich darzustellen

Es kamen folgende Ergebnisse heraus:

1. Bei den Medientests stellte sich heraus, dass jene Medien, die dem Traubenmillue in ihrer Zusammensetzung am nächsten waren, die besten Zuwachsraten aufwiesen. Ein

pH-Wert zwischen 4 - 5 und Traubensaftagar mit Haferagarpulver war für ein schnelles Wachstum am günstigsten.

2. Je weniger das Medium den natürlichen Bedingungen entsprach desto eher wuchs das Myzel in den Agar rein. Dieses war der Fall bei Mais- und Wasseragar.

3. Auf den Blättern der Rebe zeigten sich 10 Tage nach Inokulation die ersten Symptome indem sich Blattaufhellungen und erste grau-braune Flecken zeigten. Innerhalb der folgenden Wochen vollzog sich dann die ganze Entwicklung bis zur Pyknidienbildung auf den Blättern. Nach drei Wochen wurden auch Symptome an den Blattstengeln und jungen Trieben sichtbar.

4. Unter dem Rasterelektronenmikroskop konnte beobachtet werden, dass die Konidien von einer Hüllschicht umgeben wurden, diese Schicht blieb so lange erhalten, bis die Appressorien gebildet wurden und der Pilz ins Blattgewebe eindrang.

5. Bei einer Anfärbung der keimenden Konidien mit Lugol'sch Lösung konnte nur ganz wenig Stärke nachgewiesen werden. Der überwiegende Teil der Speicherstoffe bestand aus Lipiden, die mit Nil red angefärbt wurden. Bis zur Appressorienbildung konnten viele Lipide nachgewiesen werden, danach war der Nachschub aus der Konidie erschöpft.

6. Es traten auch Unterschiede bei den Sorten auf. Bei der Rebensorten 'Chardonnay' wurden bis zu 4 Keimschläuche pro Konidien gebildet, die dann über Appressorien in die Blätter eindrangen, bei einer Temperatur von 27 °C. Dieses erklärt, warum die Symptome auf der Sorte 'Chardonnay' heftiger ausfielen, als bei der Vergleichssorte 'Müller-Thurgau'. Dieser Unterschied wurde mit steigenden Temperaturen immer deutlicher.

7. Ferner zeigten sich Unterschiede bei der Befallsausprägung bei den getesteten Temperaturen von 15 °C – 35 °C. Sorte 'Müller-Thurgau' zeigte bei tieferen Temperaturen (15 °C) höhere Befallswerte als die Sorte 'Chardonnay'. Bei höheren (35 °C) Temperaturen war das Bild genau umgekehrt.

8. Es konnte kein Zusammenhang zwischen dem Einfluss des Lichts und der Entwicklung auf den Blätter gefunden werden. Bei den Pflanzenversuchen konnte kein signifikanter Unterschied bonitiert werden. Einzig bei den Medientests konnte ein

besseres Wachstum in Dunkelheit gemessen werden.

9. In den EU 25 Staaten werden über 90 verschiedene Kulturen angebaut. Alle diese Kulturen werden durch invasive Arten bedroht. Diese Arten können auf unterschiedlichen Transportwegen in die jeweiligen Länder kommen. Nur ein kleiner Teil dieser Arten kann sich in den Ländern an Pflanzen etablieren. Für diese Arten stimmen die Umweltbedingungen für ein Überleben ein. Diese Arten können dann im Laufe der Zeit zu großen Problemen führen.

10. Der Klimawandel hat unterschiedliche Auswirkungen auf die biologischen Systeme. Manche Systeme werden von einer Erhöhung der Temperatur profitieren, in dem es längere Wachstumsperioden gibt wie z.B. im Forst durch höhere Zuwachsraten oder der Anbau weitet sich in nördlicheren Gebieten aus. Andere Kulturen können kultiviert werden, aber mit den anderen Kulturen kommen auch neue Pathogene, die neue Krankheiten verursachen. Andere Krankheiten können verschwinden, die jahrelang für Probleme sorgten. An ihre Stelle treten dann Krankheiten, die an dieser Stelle noch nicht heimisch waren. Es können mehr Zyklen einer Krankheit pro Wachstumssaison auftauchen. Aber es wird auch mehr Stress auf die Kulturen ausgeübt. Es kommt bei Dauerkulturen wie Wald und Wein zu Trocken- und Hitzstress, die erst in Langzeitstudien sichtbar werden.

11. Die Daten für *G. bidwellii* wurden in das Programm CLIMEX ® eingegeben, um die Etablierungsgebiete auf Grund von Temperatur und Luftfeuchte bestimmen zu können. Dabei wurde festgestellt, dass es bis in die 90-iger Jahre des letzten Jahrhunderts nur ein geringes Risiko einer Etablierung in Deutschland bestand. In anderen Ländern wie Spanien, Frankreich und Italien bestand schon ein höheres Risiko, dort zeigte sich der Erreger schon im Weinbau. Für Deutschland steigerte sich das Etablierungsrisiko bis in die heutige Zeit. Es kann zu einer Etablierung kommen, wenn der Erreger in den Weinanbaugebieten vorkommt. In der Zukunft wird das Risiko noch weiter ansteigen für Deutschland und für die Nord-Östlichen Länder. Auf der anderen Seite sinkt das Etablierungsrisiko rund ums Mittelmeer, auf Grund des Trockenstresses. Die Klimaerwärmung wird für die Mittelmeerstaaten vermehrt zu Hitze- und Trockenstress führen auf Grund der steigenden Temperaturen.

8 Literatur

Adger, N., Aggarwal, P., Agarwala, S., Alcamo, J., Allali, A., Anisimov, O., Arnell, N., Boko, M., Canziani, O., Cater, T., Casassa, G., Gonfalonieri, U., Cruz, R.V., Alcaraz, E.A., Easterling, W., File, C., Fischlin, A., Fitzharris, B.B., Garcia, C.G., Handson, C., Harasawa, H., Hennessy, K., Huq, S., Jones, R., Bogataj, L.K., Karoly, D., Klein, R., Kundzewicz, Z., Lal, M., Lasco, R., Love, G., Lu, X., Magin, G., Mata, L.J., McLean, R., Menne, B., Midgley, G., Mimura, N., Mirza, M.Q., Moreno, J., Mortsch, L. Niang- Diop, I ., Nichollos, R. Novaky, B., Nurse, L., Nyong, A., Oppenheimer, M., Palutikof, J., Parry, M., Patwardhan, A., Lnkao, P.R., Rosenzweig, C., Schneider, S., Semenov, S., Smith, Joel, Stone, J., Ypersele, J-P., Vaughan, D., Vogel, C., Wilbanks, T., Wong, P.P. Wu, S., Yohe, G. (2007). Working group II contribution to the intergovernmental panel on climate change fourth assessment report, Climate Change 2007: Climate change impacts, adaptation and vulnerability, IPCC WGII 4th Assessment Report

Anagnostakis, S. L. and Andreadis, T.G. (2001). Introduction, Biological Invasions 3: 221

Andow, D. A., Kareiva, P.M., Levin, S. A. and Okubo, A. (1990). Spread of invading organism, Landscape Ecology, Vol. 4, 177-188

Anonym (2004). Bericht des Bundesministerium für Verbraucherschutz, Ernährung und Landwirtschaft zur Schwarzfäule in den deutschen Weinanbaugebieten, September 2004, www.bmelv.de (18.04.2006).

Anonym (11. August 2004). Neue Krankheit an Weinreben mit katastrophalen Folgen, BBA Presse Information, www. bba.de/mitteil/presse/040811. htm

Agrios, G.N. (2005). Plant pathology, 5.th Edition, Published by Elsevier Academic Press 84 Theobald`s Road, London WC1X 8RR, UK

Apiah, A.A., Jennings, P. and Turner, J. A. (2004). *Phytophthora ramorum*: one pathogen and many diseases, an emerging threat to forest ecosystem and ornamental plant life, Mycologist, Volume 18 Part 4 November 145-150

Archibald, S. and Brown A. (2008). The relationship between climate and the incidence of Red band needle blight in the East Anglia forest district, Britain, Journal of Plant Pathology 90 (2, Supplement) S2.17-S2.77

Arim, M., Abades, S.R., Neill, P.E., Lima, M. and Marquet, P.A. (2006). Spread dynamics of invasive species, PNAS Vol. 103 (2). January 10: 374-378

Barnett, H.L., Timnick, M.B. and Lilly, V.G. (1950). Method of inoculation and the production of spores by *Guignardia bidwellii* and other fungi in culture (Abstract). Plantpathology 40 (1). 1

Barnett, T.P., Piece, D.W., Achutarao, K.M., Gleckler, P.J. Santer, B.D., Gregory. J.M., Washington, W.M. (2005). Penetration of human-induced warming into the world's oceans, Science Vol. 309: 284-287 (www.science,org)

Bassam, S.E., Benhamou, N. and Carisse, O. (2002). The role of melanin in the antagonistic interaction between the apple scab pathogen *Venturia inaequalis* and *Microsphaeropsis ochracea*, Can. J. Microbiol. 48: 349-358

Becker, C.M. and Pearson, R.C. (1996). Black rot lesion on over wintered canes of Euvitis supply conidia of *Guignardia bidwellii* for primary inoculum in spring, Plant Disease, 80 (1): 24-27

Broadmeadow, M.S.J., Ray, D. and Samuel, C.J.A. (2005). Climate change and the future for broadleaves tree species in Britain, Forestry Vol. 78, No. 2 145-161

Brouwer, F and Bijman, Jos (2001): Dynamics in crop protection, agriculture and the food chain in Europe, Agricultural Economics Research Institute (LEI). The Hague

Boag, B. , Evans, K.A., Yeates, G.W. , Johns, P.M. and Neilson, R. (1995). Assessment of the global potential distribution of the predatory land planarian *Artioposthia triangulate* (Dendy). (Tricladida: Terricola). from ecoclimatic data, New Zealand journal of Zoology Vol. 22:311-318

Bordelon, B. and Moore, J.N. (1984). Black rot [*Guignardia bidwellii* (Ellis). Viala and Faraz] resistance in grapes (Abstract). HorticScience 19 (3): 590

Bourett, T.M. and Howard, R.J. (1990). In vitro development of penetration structures in the rice blast fungus Magnaporthe grisea. Can. J. Bot. 68, 329-342

Braun, E.J. and Howard, R.J. (1994). Adhesion of fungal spores and germlings to host plant surface, Protoplasma, 181: 202-212

Brasier, C.M. und Buck, K.W. (2001). Rapid evolutionary changes in a global invading fungal pathogen (Dutch elm disease). Biological Invasions 3: 223-233

Caltrider, P. (1961). Growth and sporulation of *Guignardia bidwellii* (Abstract). Phytopathology 51 (12): 860 - 863

Caltrider, P. (1960). Growth and sporulation of *Guignardia bidwellii* in pure culture and in the field, (Abstract). Phytopathology 50 (9): 630

Castillo-Pando, M., Somers, A., Green, C.D., Priest, M. and Sriskanthades, M. (2001). Fungi associated with dieback of semillon grapevines in the hunter valley of new south Wales, Australasian Plant pathology 30: 59-63

Chaky, J., Anderson, K., Moss, M. and Vaillancourt, L. (2001). Surface hydrophobicity and surface rigidity induce spore germination in Colletotrichum graminicola, Phytopathology 91:558-564

Chakraborty, S. (2008). Changes in host-pathogen interactions at high levels of CO_2, Journal of Plant Pathology. 90 (2, Supplement). S2.17-S2.77

Coakley, S. M., Scherm, H. and Chakraborty, S., (1999). Climate change and plant disease management, Annu. Rev. Phytopatholgy 37: 399 – 426

Coakley, S.M. (1995). Biospheric change: will it matter in plant pathology? Can. J. Plant Pathol. 17:147-153

Colhoun, J. (1973). Effects of environmental factors on plant disease, Annu. Rev. Phytopathologie. 11: 343- 364

Denman, S.,. Kirk, S.A , Brasier, C.M. and Webber, J.F., (2005). *In vitro* inoculation as an indication of tree foliage susceptibility to *Phytophthora ramorum* in the UK; Plant Pathology 54, 512 – 521

Edwards, J., Villalta, O. and Powney, R. (2008) Of European apple canker, Journal of Plant Pathology 90 (2, Supplement). S2.17-S2.77

Ehrlich, D., (2008). Das Rebensorten ABC; Reben und ihre Weine; 3. Auflage; Hallwag, Gräfe und Unzer Verlags, München, Ganske Verlagsgruppe

Ellis, M.A. Grape Black Rot, Extension Factsheet, Plant Pathology, 2021 Coffey Road, Columbus, OH 43210-1087

Evans, K.J., Nyquist, W.E. and Lation, R.X. (1992). A model based on temperature and leaf wetness duration for establishment of Alternaria leaf blight of muskmelon; Phytopatholpgy 82: 890-895

Eyres, N., Wood, C. and Taylor, A. (2006). Black rot *Guignardia bidwellii*, Factsheet, www.agric.wa.gov.au

Farr, D.F., Castlebury, L.A. Rossman, A.Y and Erincik, O. (2001). *Greeneria uvicola*, cause of bitter rot of grapes, belongs in the diaporthales, Sydowia, 53 (2): 185-199

Ferrer, C., Colom, F. Frases, S. Mulet, E., Abad, J. L., and Alio, J. L. (2001). Detection and identification of fungal pathogens by PCR and by ITS2 and 5.8S ribosomal DNA typing in Ocular infections. J. of Clinical Microbiology, Aug., 2873 – 2879

Ferrin, D. M. and Ramsdell, D.C. (1977). Ascospore dispersal and infection of grape by *Guignardia bidwellii*, the causal agent of grape black rot disease. Phytopathology 67: 1501-1505

Ferrin, D. M. and Ramsdell, D.C. (1978). Influence of conidia dispersal and environment on infection of grape by *Guignardia bidwellii*, Phytopathology 67 (12): 892 - 895

Floerl, O. and Ingli, G.J. (2005). Starting the invasion pathway: the interaction between source populations and human transport vectors, Biological Invasions 7: 589-606

Frick, L. (1943). Untersuchungen über die Biologie und Pathogenität von *Diplocarpon rosae* (Lib.) Wolf, Veröffentlich in Phytopathologischen Zeitschrift, Band XIV, Heft 6, Verlag von Paul Parey in Berlin SW 11

Gadoury, D.M., Pearson, R.C., Riegel, D.G. Seem, R.C., Becker R.C. and Pscheidt, J.W. (1994). Reduction of Powdery Mildew and other diseases by over-the-trellis applications of lime sulphur to dormant grapevines, Plant Disease 78 (1): 83-87

Garrett, K.A., Dendy, S.P., Frank, E.E., Rouse, M.N. and Travers, S.E. (2006). Climate change effects on plant disease: genomics to ecosystems, Annu. Rev. Phytopathol. 44: 489-509

Green, S., Ray, D. and MacAskill, G.A. (2008) Risk to Sitka spruce and other forest tree species in Scotland due to drought and fungal disease, Journal of Plant Pathology 90 (2, Supplement). S2.17-S2.77

Greenspan, P., Mayer, E.P. and Flowler, S.D. (1985). Nile Red: a Selective fluorescent stain for intracellular lipid droplets, The Journal of Cell Biology, Vol. 100 965 - 973

Greenspan, P. and Flowler, S.D. (1985). Spectrofluorometric studies of lipid probe, nile red, J. Lipid Res. Vol. 26, 781-789

Hansen, J., Sto, M., Ruedy, R. Lo, K. Lea, D.W. and Medina-Elizade, M. (2006). Global temperature change, PINAS, Vol. 103: 14288-14293 (www.pinas.org/cgi/doi/10.1073/pinas.0606291103

Hansen, E.M., Parker, J.L. and Sutton, W. , (2005). Susceptibility of Oregon forest trees and shrubs to *Phtophtora ramorum*: A comparison of artificial inoculation and natural infection, Plant Disease 89:63-70

Hanukakala, A.O., Kaukoranta, T. Lehtinen, A. and Rahkonen (2007). Late-blight epidemic on potato in Finland, 1933-2002; increased and earlier occurrence of epidemics associated with climate change and lack of rotation, Plant Pathology 56: 167-176

Hatzipapas, P., Kalosaka, K., Dara, A. and Christias, C. (2002). Spore germination and appressorium formation in the entomopathogenic Alternaria alternata, Mycol. Res. 106 (11): 1349-1359

Hecht, D. & Zinkernagel, V. (2006). Epidemiological studies of cherry leaf scorch (*Gnomonia erythrostoma* (Per.). Auerswald). Journal of Plant Diseases and Protection 113 (2). S. 68-73

Henningsen, M. (2003). Moderne Fungizide; Pilzbekämpfung in der Landwirtschaft, Chem. Unserer Zeit 37, 98-111

Hoch, H.C., Galvani, C.D., Szarowski, D.H. and Turner, J.N. (2005). Two new fluorescent dyes applicable for visualization of fungal cell walls, Mycologia 97 (3). 580-588

Hoffmann, L. E., Wilcox, W. F., Gadoury, D. M., Seem, R. C. and Riegel, D.G., (2004). Integrated control of grope black rot: Influence of host phenology, inoculum availability, sanitation, and spray timing. Phytopathology, 94 (6): 641-650

Hoffmann, L. E., and Wilcox, W. F. (2003). Factors influencing the efficacy of myclobutanil and azoxystrobin for control of black rot. Plant Disease 87: 273-281

Hoffmann, L. E., Wilcox, W. F., Gadoury, D. A. and Seem, R. C., (2002). Influence of grape berry age on susceptibility to *Guignardia bidwellii* and its incubation period length, Phytopathology 92 (10): 1068-1076

Hoffmann, L. E., and Wilcox, W. F. (2002). Utilizing epidemiological investigations to optimize management of grape black rot, Phytopathology 92 (6): 676-680

Holz, B., Hoffmann, C. und Nachtigall, G. (Juni 2005). Schwarzfäule der Reben (Black Rot). www.bba.de

Howard, R.J., Ferrari, M.A., Roach, D.H. and Money, N.P. (1991). Penetration of arc substrates by fungus employing enormous turgor pressures, Proc. Natl. Acad. Sci. USA Vol. 88, 11281-11284

Howard, R.J. and Ferrari, M.A. (1989). Role of Melanin in the appressorium function, Experimental Mycology 13, 403-418

Ivors, K.L.; Hayden, K.J. Bonants, P. J. M. Rizzo, D. M. and Garbelotto, M. (2004). AFLP and phylogenetic analyses of north American and European population of *Phytophthora ramorum*, Mycol. Res. 108 (4): 378 – 392

Jacob, J.P. and Werner, D.J. (1984). Black rot [*Guignardia bidwellii* (Ellis). Viala and Faraz] resistance in vitis (Abstract). HorticScence 19 (3): 590

Jeger, M.J. and Pautasso, M. (2008). Plant disease and global change – the importance of long-term data set, New Phytologist 177: 8-11 (www.newphtologist.org)

Jermini, M. and Gessler, C., (1996). Epidemiology and control of grape black rot in south Switzerland, Plant Disease 80 (3): 322-325

Jones, D.R. and Baker, R.H.A. (2007). Introduction of non-native plant pathogens into Great Britain, 1970 – 2004, Plant Pathology 56: 891 – 910

Jones, P.D. and Mann, M.E. (2004). Climate over past millennia, Rev. of Geophysics, 42, RG2002 / 2004 1of 42

Kawamura, C., Tsujimoto, T. and Tsuge, T. (1999). Targeted disruption of a melanin biosynthesis gene affects conidial development and UV tolerance in the Japanese pear pathotype of *Alternaria alternate*, MPMI Vol. 12, No. 1 pp 59-63

Keller, R.P., Frang, K. and Lodge, D.M. (2008). Preventing the spread of invasive species: Economic benefits of intervention guided by ecological predictions, Conservation Biology Vol. 22, No.1, 80-88

Kohn, F.C. and Hendrix, F.F. (1982). Temperature, free moisture, and inoculum concentration effects on the incidence and development of white rot of apple, Phytopatholgy 72: 313-316

Kolar, C. S. and Lodge, D.M. (2001). Progress in invasion biology: predicting invaders, Trends in Ecology & Evolution 16: 199 – 204

Kubo, Y., Suzuki, K. Furusawa, I. and Yamamoto, M. (1982) Effect of tricyclazole on appressorial pigmentation and penetration from appressoria of *Colletotrichum lagenarium*, Phytoparhology 72: 1198-1200

Kummuang, N., Smith, B.J., Diehl, S.V. and Graves, C.H., (1996), Muscadine grape berry rot disease in Mississippi: Disease identification and incidence, Plant Disease 80 (3): 238-243

Kummuang, N., Diehl, S.V., Smith, B.J., and Graves, C.H, (1996), Muscadine grape berry rot disease in Mississippi: Disease epidemiology and crop reduction, Plant Disease 80 (3): 244-247

Kuo, K.C. and Hoch, H.C. (1996). The parasitic relationship between *Phyllosticta ampelicida* and *Vitis vinifera,* Mycologia 88 (4): 626-634

Kuo, K.C. and Hoch, H.C. (1995). Visualization of the extracellular matrix surrounding pycnidiospores, germlings, and appressoria of *Phyllosticta ampelicida*, Mycologia 87 (6): 759-771

Kurahashi, Y. (2001). Melanin biosynthesis inhibitors (MBI`s) for control of Rice blast, Pesticide Outlook – February 32-34

Kurahashi, Y. and Pontzen, R. (1998). Carpopamid: a new melanin biosynthesis inhibitor. Pflanzenschutz-Nachrichten Bayer 51/1998, 3 247-258

Lanoiselet, V., Cother, E. J. and Ash, G. J. , (2002). CLIMEX and DYMEX simulation of the potential occurrence of rice blast disease in southern Australia, Australasian Plant Pathology, 2002, 31, 1- 7 (www.publish.csiro.au7journals/app).

Levy, Y. and Cohen, Y. (1982). Differential effects of light on spore germination of *Exserohilum turcicum* on leaves and corn leaf impressions, Phytopathology 73: 249-252

Lilly, V.G.; Timnick, M.B. and Barnett, H.L. (1949). Nutritional factors affecting conidium production by *Guignardia bidwellii* in culture (Abstract). American Journal of Botany 36 (10): 811

Luttrell, E.S. (1948). Physiologic specialization in *Guignardia bidwellii*, cause of black rot of *Vitis* and parthenocissus species, Phytopathology 38 (9): 716-723

Maixner, M. und Holz, B. (2003). Risiken durch invasive gebietsfremde Arten für den Weinbau, Schriftenreihe des BMVEL „Angewandte Wissenschaft" Heft 498, 154 -164

MacHardy, W. E. and Gadoury, D. M. (1989) A revision of Mill's criteria for predicting apple scab infection periods, Phytopathology 79, 304 -310

Martin, N. F., and Tooley, P. W. 2003. Phylogenetic relationships of *Phtophthora ramorum*, *P. nemorosa*, and *P. pseudosyringae*, three species recovered from area in California with sudden oak death, Mycol. Res. 107 (12): 1379 -1391

Mendgen, K., Hahn, M. and Deising, H. (1996). Morphogenesis and mechanisms of penetration by plant pathogenic fungi, Annu. Rev. Phytopathol. 34: 367-386

Mills, W. D. (1944). Efficient use of sulphur dusts and sprays during rain to control apple scab.Cornell Extension Bulletin 630, 4 ff.

Money, N.P., TonThat, C.C., Frederick, B. and Henson, J.M. (1998), Fungal Genetics and Biology 24: 240-251

More, T.G. (2008). Global warming, EMBO reports Vol.9: 41-45

Moriondo, M., Orlandini, S., Giuntoli, A. and Bindi, M. (2005). The effect of Downy and Powdery Mildew on grape (*Vitis vinifera* L.) leaf gas exchange, J. Phytopathology 153, 350-357

Noble, R., Elphinstone, J.G., Sansford, C.E., Budge, G.E. and Henry, C.M. (2009). Management of plant health risks associated with processing of plant-based wastes: A review. Bioresource Technology 100: 3431 - 3446

Nosanchuk, J. D. and Cassadevall, A. (2003) the contribution of melanin to microbial pathogenesis, Cellular Microbiology 5, 203 – 223

Oerke, E-C, Dehne, H-W, Schönbeck, F, Weber, A. (1994). Crop production and crop protection; estimated losses in major food and cash crops, Published by Elsevier Science B.V. P.O. Box 211 1000 AE Amsterdam The Netherlands

Okane, I., Nakagiri, A. and Ito, T. (2001). Identity of Guignardia sp. inhabiting ericaceous plants, Can. J. Bot. 79: 101-109

Oliva, J., Navarro, S., Navarro G., Càmara, M. A. and Barba, A. (1999). Integrates control of grape berry moth (*Lobelia botrana*), powdery mildew (*Uncinula necator*), downy mildew (*Plasmopara viticola*) and grapevine sour rot (*Acetobacter* spp.), Crop Protection 18, 581-587

Olufolaji, D.B. (1986). Optimum temperature and relative humidity for spore germination and germ tube growth of *Curvularia pallescens* on glass slides and maize leaf, Cryptogamie, Mycol. 7 (2): 149-156

Paul, I., van Jaarsveld, A. S., Korsten, L. ans Attingh, V. , (2005). The potential global geographical distribution of Citrus Black Spot caused by *Guignardia citricarpa*, (Kiely): likelihood of disease establishment in the European Union, Crop Protection 24 (2005) 297 – 308

Pivonia, S., and Yang, X. B. (2004). Assessment of the potential year-round establishment of soybean rust throughout the world. Plant Dis. 88.523-529 (2004). (www.apsnet.org).

Pethybridge, S. J., Nelson, M.E. and Wilson, C.R., (2003). Forecasting climate suitability of Australian hop powdery and downy mildews, Australasian Plant Pathology 32, 493 – 497 (www.publish.csiro.au7journals/app).

Platt (BUD); H.W., (1992): Potato Late Blight. In: Plant Diseases of international importance, Diseases of Vegetables and Oil Seed Crops. Vol. II, (eds. Chaube, H.S., Singh, US. Mukhopadhyay, A.N. and Kumar, J), Prentice Hall, New Jersey. 93-123

Pounds, A.J., Bustamante, M.R., Coloma, L.A., Consuegra, J.A., Fogden, M.P.L., Foster, P.N., Marca, E., Master, K.L., Merino-Viteri, A., Ouschendorf, R., Ron, S.R., Sanchez-Azofeifa, A., Still, C.J. and Young, B.E. (2006). Widespread amphibian extinctions from epidemic disease driven by global warming, Nature Vol. 439: 161- 166

Pounds, A.J., Fogden, M.P.L. and Campell, J.H. (1999). Biological response to climate change on a tropical mountain, Nature Vol. 398: 611-614

Quiroga, S. and Iglesias, A. (2009). A comparison of climate risks of cereals, citrus, grapevine and olive production in Spain, Agricultural Systems (article in press)

Reddick, D., The black rot disease of grape, (1911). Bulletin 293, Ithaca, N.Y. Published by the University, Cornell University

Root, T.L., Price J.T., Hall, K.R., Schneider, S.H., Rosenzweig, C. and Pounds, J.A. (2003). Fingerprint of global warming on wild animals and plants, Nature Vol. 421: 57-60 (www.nature.com/nature)

Rosenzweig, C., Karol, D., Vicarelli, M., Neofotis, P., Wu, Q. Casassa, G., Menzel, A., Root, T.L., Estrella, N., Seguin, B., Tryjanowski, P., Liu, C., Rawlins, S. and Imeson, A. (2008) Attributing physical and biological impacts to anthropogenic climate change, Nature, Vol. 543-358

Sackett, K. E. and Mundt, C. C. (2005). The Effects of dispersal gradient and pathogen life cycle components on epidemic velocity in computer simulations; Phytopathology 95:992-1000

Salinari, F. Giosue, S. Tubiello, F.N., Rettori, A., Rossi, V., Spannas, F., Rosenzweig C. an Gullino, M.L. (2006) Downy meldew (Plasmopara viticola) epidemics on grapevine under climate change; Global Change Biology 12 1299-1307

Salzman, R. A., Tikhonova, I., Bordelon, B.P. Hasegwa, P.M. and Bressan, R.A., (1998). Coordinate accumulation of antifungal protein and hexoses constitutes a developmentally controlled defence response during fruit ripening in grape, Plant Physiology 117 (2): 465-472

Scherm, H. (2004). Climate change: can we predict the impacts on plant pathology and pest management? Can. J. Plant Pathol. 26: 267-273

Schuh, W. (1993). Influence of interrupted dew period, relative humidity, and light on disease severity and latent infections caused by *Cercospora kikuchii* on soybean, Phytopathology 83:109-113

Scholze, M., Knorr, W., Arnell, N.W. and Prentice, C. (2006). A climate-change risk analysis for world ecosystems, Pinas Vol. 103, No. 35: 13116-13120
www.pnas.org/cgi/doi/10.1073/pnas.0601816103

Schwabe, W. F. S. (1980). Wetting and temperature requirements for apple leaf infection by *Venturia inaequalis* in south Africa. Phytophylactica 12, 69 – 80

Seem, R. C. (2004). Forecasting plant disease in a changing climate: a question of scale, Can. J. Plant Pathol. 26: 274-283

Shaw, M.W., Bearchell, S.J., Fitt, B.D. and Fraaije, B.A. (2008). Long-term relationship between environment and abundance in wheat of *Phaeospaeria nodorum* and *Mycospharella graminicola*, New Phytologist 177: 229-238 (www.newpytologist.org)

Shaw, B.D., Caroll, G.C. and Hoch. H.C. (2006). Generality of the prerequisite of conidium attachment to a hydrophobic substratum as a signal for germination among *Phyllosticta* species, Mycologia 98 (2): 186-194

Shaw, B.D., Kuo, K.C. and Hoch, H.C. (1998).Germination and appressorium development of *Phyllosticta ampelicida* pycnidiospores; Mycologia 90 (2): 258-268

Smart, C.D. and Fry, W.E. (2001). Invasion by the late blight pathogen: renewed sex and enhanced fitness, Biological Invasions 3: 235-243

Spotts, R.A. (1980). Infection of grape by *Guignardia bidwellii* – Factors affecting lesions development, conidial dispersal and conidial populations of leaves, Phytoptology 70 (3): 252-255

Spotts, R.A. (1979a). Use of Bay Meb-6447 for eradication of grape black rot caused by *Guignardia bidwellii*, Plant Disease Reporter 63 (11): 967-969

Spotts, R.A. (1979b). Infection of grape by *Guignardia bidwellii*, Factors affecting lesion development, conidial populations on leaves (Abstract). Phytopathology 69 (6): 920

Spotts, R.A. (1977a). Effect of leave wetness duration and temperature on infectivity of *Guignardia bidwellii* on grape leaves, Phytopathology 67 (11): 1378-1381

Spotts, R.A. (1977b). Chemical eradication of grape black rot caused by *Guignardia bidwellii*, Plant Disease Reporter 61 (2): 125-128

Stephens, A.E.A. and Dentener, P.R., 2005. *Thrips palmi* – Potential survival and population growth in New Zealand, New Zealand Plant protection 58: 24 – 30 (2005).

Steel, C.C, Greer, L.A. and Savocchia (2007), Studies on *Colletotrichum acutatum* and *Greeneria uvicola*: two fungi associated with brunch rot of grapes in sub-tropical Australia, Australian Journal of Grape and wine Research 13, 23-29

Steiner, U. and Oerke, E.-C. (2007). Localized melanisation of appressoria is required for pathogenicity of *Venturia inaequalis*, Phytopathology 97:1222 1230

Starndberg, J.O. (1986). Isolation, storage, and inoculum production methods for *Alternaria dauci*, Phytopathology 77 1008.1012

Struck, C. and Mendgen (1998). Infection strategies, The Epidemiology of Plant Disease, Published in

1998 by Kluwer Publisher, Dordrecht

Sutherst, R.W. and Maywald, G.F., (1985).A computerised system for matching climates in ecology, Agric. Ecosystems Environ. 13: 281 – 299

Sutherst, R.W., Maywald, G.F. and Russell, B.L. (2000). Estimating vulnerability under global change: modular modelling of pests, Agriculture, Ecosystems and Environment 82: 303-319

Tamm, L. and Flückiger, W. (1993). Influence of temperature and moisture on growth, spore production, and conidial germination of *Monilia laxa*, Phytopatology 83:1321-1326

Thines, E., Weber, R.W.S. and Talbot, N.J. (2000). MAP kinase and protein kinase a dependent mobilization of triacylglycerol and glycogen during appressorium turgor generation by *Magnaporthe grisea*, The Plant Cell, Vol. 12 1703 -1718

Thomas, C.D., Ohlemüller, R., Anderson, B., Hickler, T. Miller, P.A., Sykes, M.T., Wlliams, J.W. (2008). Exporting the ecological effects of climate change, EMBO reports Vol.9: 28-33

Tomlin, C.D.S (2000). The Pesticides Manual, 12. Auflage, Crop Protection Publications, British Crop Protection Council, Farnham

Thuiller, W. (2007). Climate change and the ecologist, Nature Vol. 448: 550-552

Titan, S.P. and Bertolini, P. (1995). Effects of low temperature on mycelia growth and spore germination of *Botrytis allii* in culture and on its pathogenicity to stored garlic bulbs, Plant Pathology 44, 1008-1015

Turner, M.L., MacHardy, W.E. and Gadoury, D.M. (1986). Germination and apprssorium formation by *Venturia inaequalis* during infection of apple seedling leaves, Plant Disease 70:658-661

Uyovbisere, E., Alabi, O., Akpa, A.D. and Chindo, P.S. (2007). Seasonality of the mycoflora of the crown disease complex of the vegetative organs of the grapevine *Vitis vinifera* cvar anap-e-shahe, African Journal of Biotechnology Vol. 6 (5) 544-552

Venette, R.C. and Cohen, Susan D.; Climatic suitability of the eastern United States for establishment of *Phytophthora ramorum*; Agriculture, Ecosystems, and Environment (2006).

Vloutoglou, I., Fitt, B.D. and Lucas, J.A. (1996). Germination of *Alternaria linicola* conidia on linseed: effects of temperature, incubation time, leaf wetness and light regime, Plant Pathology 45, 529-539

Waage, J.K., Woodhall, J.W., Bishop, S.J., Smith, J.J., Jones and Spence, N. (2009). Patterns of plant pest introduction in Europe and Africa, Agricultural Systems 99, 1-5

Ward, D. F., (2007). Modelling the potential geographic distribution of invasive ant species in New Zealand, Biological Invasions 9:723-735

Woods, A., Coates, K.D. and Hamann, A. (2005). Is an unprecedented Dothistoma needle blight epidemic related to climate change? BioScience Vol. 55 No. 9: 761-769

Worner, S. P., 1988. Ecoclimatic assessment of potential establishment of exotic pests, J. Econ. Entomol. 81 (4): 973 – 983 (1988).

Wright, R. F., and Jenkins, A. (2001). Climate change as a confounding factor in reversibility of acidification: RAIN and CLIMEX projects, Hydrology and Earth System Sciences 5(3). 477 – 486

http://data.giss.nasa.gov/gistemp/warm_stations/ (06.08.2008)

Danksagung

Dieses ist der Platz an dem ich mich bei allen bedanken möchte, die mir während meiner Doktorarbeit beistanden.

Mein Dank gilt Herrn Prof. H.-W. Dehne, der mir die Möglichkeit gegeben hat an der Thematik zu arbeiten. Im Besonderen bedanke ich mich für die Freiheiten und das selbstständige Arbeiten was er mir gewährt hat.

Ein besonderer Dank geht an Frau PD Dr. Steiner, die mir den Weg zu dieser Arbeit gezeigt hat und trotz meiner Zweifel an mich und diese Arbeit geglaubt hat. Danke für die viele Zeit, die offene Tür und die vielen anregenden Diskussionen und danke, dass sie meinen Weg so lange mit mir gegangen sind.

Danke an Herrn PD Dr. Oerke, durch dessen Mithilfe ich im Graduiertenkolleg sein durfte und interessanten Vorträgen und Diskussionen aktiv bewohnen durfte. Auch Ihnen möchte ich für die offene Tür danken, so dass ich immer kommen konnte und Ihnen Fragen stellen konnte.

Frau Kerstin Lange und Herrn Stefan Neumann danke ich, dass sie mir stets hilfsbereit zur Seite standen und immer ein offenes Ohr für mein Probleme und Nöte hatten. Ich hoffe, dass wir auch in Zukunft freundschaftlich verbunden bleiben.

Meinen Eltern und meinen Geschwistern Gudrun und Christian danke ich für die offenen Ohren und die finanzielle Hilfe, ohne die ich das alles nicht so durch gestanden hätte. Ich konnte immer anrufen und mit dem einen oder andern reden. Ihr wart und seit mir eine wertvolle Unterstützung. Genauso wie die 2 x 4 schnurrenden Pfoten in Monheim.

Jan-Eric Reith danke ich, dass ich bis hierhin kommen durfte. Jan, danke für die vielen Stunden, in denen ich dir mein Leid klagen durfte.

Im Weitern geht mein Dank an die Doktoranden im Haus für ihr reges Interesse, die netten Mittagspausen, die olympischen Spiele oder anderer Freizeitaktivitäten. Durch euch wurde die Zeit mit vielem angereichert was über die Uni hinausging. Danke Katharina und Sandra!

Danke an alle, die ich nicht namentlich erwähnen konnte, die mit mir meinen Weg gegangen sind. Jedem dem ich begegnet bin, hat mich ein Stückchen weiter gebracht und etwas bewegt.

Enden möchte ich mit einem Zitat eines mutigen Menschen seiner Zeit: *„Was wäre das Leben, hätten wir nicht den Mut, etwas zu riskieren"* Vincent van Gogh.

Der disserta Verlag bietet die kostenlose Publikation
Ihrer Dissertation als hochwertige
Hardcover- oder Paperback-Ausgabe.

Fachautoren bietet der disserta Verlag
die kostenlose Veröffentlichung professioneller Fachbücher.

Der disserta Verlag ist Partner für die Veröffentlichung
von Schriftenreihen aus Hochschule und Wissenschaft.

Weitere Informationen auf www.disserta-verlag.de